ENCYCLOPÉDIE A. L. GUYOT

René SCHWÆBLÉ

LA SANTÉ

PAR LES

SIMPLES

AVEC LE

Moyen de reconnaître
les bons Champignons

PARIS
20, Rue des Petits-Champs

Algérie, Colonies et Étranger : 35 Cent.
(Port en plus)

LA SANTÉ PAR LES SIMPLES

René SCHWAEBLÉ

LA SANTÉ
PAR
LES SIMPLES

AVEC

Le moyen de reconnaître les bons Champignons

PARIS

Collection A.-L. GUYOT

20, Rue des Petits-Champs, 20

Du même Auteur

La Sorcellerie pratique (Encyclopédie
    d'occultisme) .... 3 fr. 50
Chez Satan (Roman de mœurs de sata-
    nistes contemporains) .... 7 fr. 50
Les Grimoires de Paracelse (Première
    traduction française), relié .... Epuisé.
Cours pratique d'Astrologie .... 2 fr. »
Cours pratique d'Alchimie (avec por-
    rait de l'auteur) .... 3 fr. »
Recettes magiques pour et contre
    l'Amour. .... 2 fr. 50
Nicolas Flamel .... 3 fr. »
La Biologie minérale (avec 2 photo-
Les Excentricités médicales (avec
    portrait de Paracelse)................. 3 fr. 50
Les Pierres vivent et meurent (avec
    12 phototypies) .... 4 fr. »
    Etc., etc.

AVERTISSEMENT

Ce petit livre devrait toujours être dans la poche de toutes les personnes qui habitent la campagne, jardiniers, maraîchers, cultivateurs, fermiers, rentiers, ménagères, etc., etc.

Il répond, en effet, à un triple but :

Il indique, d'abord, la plante qu'il convient d'employer pour guérir toute indisposition ou maladie, et la façon de préparer cette plante ; il indique, en même temps, la plante qu'il faut employer quotidiennement pour corriger le tempérament ;

Il indique, ensuite, les moyens de combattre immédiatement les empoisonnements par certains champignons et plantes vénéneux ;

Il indique, enfin, les façons d'accommoder en cuisine et de conserver des

plantes et champignons les plus appré-
ciés.

..L'auteur a cherché à être le plus
clair, le plus pratique possible : laissant
de côté toutes considérations scientifiques qui n'auraient fait qu'embrouiller
le livre, sans négliger toutefois les prin-
cipes enseignés par les Maîtres de la
Médecine actuelle, il s'en est principalement tenu aux recettes consacrées par
un long usage. Il ne faut pas trop sou-
rire des remèdes de bonnes femmes ;
parce que leur efficacité est inexplicable
elle ne doit pas être niée.

Certes, nous sommes le premier à
conseiller d'appeler le médecin à la
moindre indisposition et suivre fidèle-
ment ses prescriptions (chose qu'on ne
fait pas toujours à la campagne !). Mais,
pourquoi négliger ces pauvres tisanes,
ces pauvres infusions, ces pauvres cataplasmes qui ne coûtent rien, que l'on
peut composer soi-même et qui — der-
nier argument ! — au cas où ils ne fe-
raient pas de bien seraient incapables de
faire du mal ?

Mais... n'allez pas trop vite ! apprenez

à connaître plantes et champignons, et ne les employez qu'à coup sûr !

Méfiez-vous, surtout, des gens qui connaissent tout ! Combien en rencontrez-vous qui vous affirment que cette plante, que ce champignon est excellent, qu'ils l'emploient ou le mangent les yeux fermés, qu'ils en donnent à toute leur famille ! qui, au besoin, vous citent des exemples de guérison quasi-miraculeuse !

La plupart des empoisonnements par les champignons est due plus à un sot amour-propre qu'à l'imprudence. Tel, afin de paraître très fort, très malin, s'empoisonne, comme ces idiots qui, pour étonner la galerie, parient boire un litre d'absinthe !

Discerner un bon champignon est particulièrement délicat : les plus terribles champignons ressemblent étrangement aux champignons les plus succulents. Les caractères qui les différencient sont si minces qu'il faut une longue attention pour les découvrir.

L'on ne saurait trop répéter qu'*il n'existe aucune méthode capable de rendre inoffensifs les champignons vénéneux*. A la cam-

pagne, malheureusement, on ne peut per-
suader de cette vérité ceux qui les recher-
chent : chacun prétend être sûr de lui. Résultat : des centaines d'empoisonnements
mortels.

Nous engageons donc vivement nos lec-
teurs à bien s'exercer, notre livre en main,
à connaître un bon d'un mauvais champignon. En quelques lignes nous en donnons
le moyen.

Enfin, beaucoup se privent d'un plaisir
gratuit en ne sachant pas tirer parti d'un
comestible excellent et des plus nourris-
sants. Le champignon, comme la pomme
de terre, avec quelques condiments com-
muns et une préparation facile, devient un
mets qui flatte les gourmets les plus déli-
cats. Or, nous donnons des recettes que
nous avons expérimentées nous-même et
qui nous ont toujours valu des félicita-
tions.

Maintenant que le lecteur sait dans quel
esprit a été écrit notre petit livre, il pourra
s'en servir utilement, et, nous l'espérons,
sans fausse modestie, le recommandera à
ses amis

R. S.

LA SANTÉ PAR LES SIMPLES

I

Les Plantes et le Tempérament

Ouvrez n'importe quel traité de Botanique médicinale et vous y lirez à peu près ceci : « L'action de cette plante est discutable. En tous cas, l'on peut affirmer « qu'elle ne s'exerce pas de la même façon « sur tous les individus ».

Affaire de tempérament, pardi ! Le même remède, à doses égales, agit-il de la même façon sur deux individus différents, agit-il de la même façon sur un enfant et sur un adulte ?

Il est donc indispensable de se bien connaître, de bien connaître son tempérament.

Cette connaissance est la clé de la santé, c'est-à-dire du Bonheur.

Comment connaître son tempérament, comment connaître le tempérament d'une personne ?

Il y a quatre tempéraments :

Le tempérament sanguin ;

Le tempérament lymphatique ;

Le tempérament bilieux ;

Le tempérament nerveux.

Les personnes de tempérament *sanguin* ont le corps majestueux, l'aspect rayonnant, conquérant, le front développé, les yeux grands et brillants, la tête grosse et ronde, la bouche moyenne, les lèvres sensuelles, le nez légèrement épaté, les oreilles mal dessinées, la barbe pleine, les cheveux abondants, peu frisés, châtains, la voix forte, impérieuse. Elles sont fortes, robustes, mais pas très grandes. Les attaches sont généralement grossières. Elles ont la démarche lente, solennelle.

Elles tiennent énormément de place, font du bruit partout, aiment qu'on les remarque.

Elles sont expansives, orgueilleuses. Elles ne sont pas enthousiastes, mais elles affectent de l'être. Elle sont ambitieuses, elles chérissent les honneurs. Elles sont assez charitables, mais elles ne font le bien qu'avec ostentation, en le proclamant partout, en le faisant savoir à tout le monde.

Les personnes de tempérament *lymphatique* n'ont pas l'apparence robuste, mais elles sont bien constituées, et leur santé est bonne. Elles ont l'allure distinguée, légère, dégagée. Elles sont grandes, élancées, fines. Elles ont les cheveux longs, blonds, mais pas très frisés, le front plutôt étroit, les yeux bleus et en amande, le nez droit, les lèvres rouges et bien arquées, les dents blanches, le menton pointu, les oreilles joliment dessinées, les pommettes saillantes. Elles ont la peau fraîche, très pâle. Elles ont les extrémités allongées, aristocratiques.

Elles sont étourdies. Elles sont, aussi, volages, inconstantes, et il ne faut pas attacher trop de prix à leurs promesses ou à leurs serments. Cette mobilité d'esprit leur fait commencer collection de choses qu'elles ne finissent pas. Etant fort impressionnables, elles s'emballent facilement pour une idée, mais, bientôt, l'abandonnent. Cela les rend un peu lâches, le courage demandant de la ténacité, de l'entêtement.

L'individu de tempérament *bilieux* a la figure jaune, les cheveux noirs, les lèvres pincées. Il est maigre, il a le dos voûté. Il est irritable, colère, susceptible, content de lui, légèrement vaniteux, ne souffre pas la contradiction, bien qu'aimant le paradoxe et contredisant lui-même tout le monde, car il veut être partout le premier et avoir toujours raison. Ce désir de l'emporter le rend souvent vindicatif, haineux, et si, malgré tous ses efforts, malgré toutes ses combinaisons et ruses, il ne réussit pas, il boude, disparaît de la circulation pendant quelque temps.

Il est lui-même son meilleur ennemi, détruisant des choses qui pourraient lui profiter par ses actes irréfléchis, immodérés, se fâchant avec des gens qui ne demandent qu'à le servir, tandis qu'il accorde sa confiance à d'autres qui savent le prendre et qui le trompent.

L'individu de tempérament *nerveux* est élancé, il a le teint pâle, la physionomie mobile, la circulation irrégulière, les pulsations du cœur lentes ou rapides selon les influences morales du moment, la peau un peu jaune, sèche et douce au toucher.

L'être nerveux ne se repose jamais, il a les mouvements brusques, il se fatigue vite, dort d'un sommeil léger, inquiet, interrompu. Il a, parfois, des hallucinations. Il devient facilement neurasthénique, quelquefois hystérique. Il est sujet à des névralgies, à des migraines.

L'être nerveux est à la fois très heureux et très malheureux. Il subit toutes les influences externes et internes, il est d'une sensibilité et d'une impressionnabilité extrêmes.

Il est généralement très intelligent, s'assimile rapidement toutes les idées, il a beaucoup d'imagination, s'enthousiasme facilement et se désenchante aussi facilement. Il a l'esprit vif, pétillant, le langage coloré, original.

Les types se rencontrent rarement purs; on les trouve généralement ainsi mélangés :

Bilioso-nerveux ou Mercurien ;
Bilioso-sanguin ou Jupitérien ;
Lymphatico-nerveux ou Vénusien ;

Ces noms « Mercurien », « Jupitérien », « Vénusien » viennent des planètes auxquelles les Anciens attribuaient — peut-être avec raison — la direction de tout le monde terrestre. Les quatre autres planètes donnaient les noms suivants :

Sanguin ou Solarien ;
Lymphatique ou Lunarien ;
Nerveux ou Martien ;
Bilieux ou Saturnien,

Les Anciens enseignaient ceci :

« Ici-bas, tout vit, minéraux, plantes, animaux, et est soumis, par conséquent, à l'influence astrale. Sachant que tout se lient, s'enchaîne, que tout dépend de tout,

que les corps sont reliés entre eux par l'at-
traction, que le mouvement d'une molécule
quelconque a son retentissement, si petit
qu'il puisse être, dans l'univers entier, on
comprendra quels services rend l'astrologie : elle établit les correspondances exis-
tant entre les hommes, les animaux, les
plantes et les minéraux, elle étend ses in-
vestigations sur le caractère et la vie d'un
individu ou d'une collectivité, elle permet
à l'homme de « se connaître lui-même »,
elle prévoit la marche d'une maladie comme celle d'un orage, elle conseille de se
livrer à tel acte tel jour, ou de ne pas s'y
livrer, etc., etc.

« Est son maître celui qui se connaît ;
est le maître d'autrui celui qui le connaît.

« Pour être heureux, tranquille, se bien
porter, il faut connaître, respecter ses correspondances. Un individu peut prévenir
une maladie qui le menace en vivant stric-
tement dans le cadre qui lui convient, c'est-
à-dire en s'entourant des pierres, plantes,
animaux, parfums, couleurs, etc., qui doivent le compléter, en leur demandant ce
qui lui manque, en leur arrachant ce qu'il
lui faut. »

Dès lors, Mars présidant à l'impulsivité,
à l'action, à l'intrépidité, forme des soldats, des avocats, etc., des remèdes exci-

tants, etc. Un malade est-il Martien, c'est-à-dire de tempérament nerveux ; au médecin de prescrire les médicaments, les plantes, « les simples » de Mars ou de son opposé Jupiter.

Mais, avec un peu d'habitude, vous les connaîtrez, bientôt, vous-mêmes. Il suffit, en effet, de regarder attentivement chaque plante pour voir ce qu'elle est, quelle est sa vertu, quel est son danger. La plante a une physionomie facilement déchiffrable.

Elancées, ou bien courtes ou trapues, les Solanées vénéneuses ne savent point mentir : l'avertissement est dans leur port, dans leur feuillage sombre ou blême. Voyez la Belladone, la Mandragore et le Datura : fleurs livides, pommes épineuses et baies fades. Observez la Jusquiame aux feuilles velues et dentelées, à l'odeur vineuse et répulsive : quelle menace éloquente sur les lèvres de ses corolles ! Les Ombellifères toxiques n'ont pas un air plus engageant. Les Ciguës épanouissent un feuillage agressif ; des macules de pourpre ensanglantent leur tige ; la Ciguë vineuse et l'Aenanthe safranée répandent, quand on les brise, un suc jaunâtre comme du pus. Toutes ces plantes se décèlent malfaisan-

2

tes par la fétidité de leur haleine. Des Euphorbiacées, sinistres à la vue, gicle, à la moindre égratignure, un lait corrosif.

Issues de deux familles très distantes, la Sabine et la Rue trahissent diversement, par leur physionomie antiphatique et le relent qu'elles dégagent, leur emploi d'antiques avorteuses. Les roides dentelures de l'Aconit, d'un vert presque noir et livide par en-dessous, encadrent bien la fleur élégante et triste, d'un bleu vénéneux d'azotate de cuivre.

La Digitale pourprée est aussi singulièrement lugubre, en dépit de ses charmes : sa feuille gaufrée, sombre et poilue, n'impressionne pas moins que le tigridement interne de ses corolles. Le Colchique d'automne montre, à niveau du sol, sa fleur violacée, sans tige ni feuillage : c'est la « veilleuse » des deuils prochains...

La Renoncule scélérate rampe à terre et se cache à demi sous l'herbe et la mousse, comme un serpent.

D'autres végétaux mortels affectent une allure moins cynique, une physionomie plus composée ; mais à les étudier en détail, ils portent des stigmates de réprobation...

...En somme, cette théorie est parfaitement rationnelle puisqu'elle fait intervenir dans le diagnostic et dans le traitement les diverses notions climatériques, atmosphériques, caloriques, animales, végétales, minérales, morales, organiques, physiologiques, héréditaires, etc., etc.

On s'est beaucoup moqué de certain médecin contemporain qui ordonnait aux malades : « Placez votre lit dans la direction N.-S., la tête au N.; que votre chambre à coucher soit tendue de papier rouge, que vos rideaux soient également rouges, ainsi que vos robes. Etant donné que nous sommes au mois de Juin, vous allez faire ci et non ça. Abandonnez le musc comme parfum et adoptez la verveine. Ne portez pas de rubis ; portez, plutôt, des turquoises ». Ce médecin cherchait à rendre aux malades l'harmonie voulue, à les replacer dans leur cadre, il respectait leurs *correspondances.*

Voici les correspondances des sept principaux tempéraments :

Sanguin ou Solarien : Plantes suaves et aromatiques ; safran, menthe, romarin, marjolaine, laurier, vigne, pivoine, gentiane, mélisse, grenade.

Lymphatique ou Lunarien : Roseau, chou rouge, giroflée jaune, clématite, coloquinte, citrouille, iris, laitue, lenticule, troene, lis, lunaire, trèfle d'eau, mercuriale, myosotis, nénuphar, coquelicot, pavot blanc, saule, sanguinaire, orfin, cresson, mouron.

Nerveux ou Martien : Plantes irritantes, excitantes ou épineuses ; ail, raifort, ortie, moutarde, poireau, oignon, rue, verveine, absinthe, laitue sauvage, poivre.

Bilioso-nerveux ou Mercurien : Fausse oronge, fenouil, ache, persil, fougère mâle, avoine, cumen des prés, muguet, douce-amère, carotte sauvage, réglisse, aunée, laurier-cerise, aspic, romarin sauvage, mandragore, marrube commun, mélisse, melinot, mûrier noir, myrte, marjolaine, pariétaire, sarriette des jardins, scabieuse, germandrée, valériane.

Bilioso-sanguin ou Jupitérien : Buis, tournesol, fraisier, rose blanche, vigne, violette, mélisse, pensée, citronnier, anis, ail, guimauve, scabieuse, chélidoine, rue, coudrier.

Lymphatico-nerveux ou Vénusien : Millefeuille, bugle, guimauve, fausse bourrache, ancolie, bardane, arroche, pâquerette, aune, cactus, chicorée, artichaut, digitale, chardon à foulons, géranium, ortie blanche, oseille des prés, pois chiche, leptandra, menthe poivrée, menthe verte, orchis, primevère, pyrèthre, ronce, sureau, saponaire, scrofulaire, seigle, seneçon, vierge d'or, genêt, reine des prés, tanaisie, thym, blé de mars, chiendent, verveine.

Bilieux ou Saturnien : Plantes à spores, à baies, à fruits noirs ; plantes narcotiques ; aconit, ciguë, pavot, jusquiame, mandragore, bardane, chanvre, fougère mâle, if, rue, cumen, persil.

II

Les Simples

Pour conserver les plantes il faut les faire sécher rapidement à l'air sec et chaud, et, même, à l'étuve ou au four.

Les racines peuvent être conservées dans du sable sec (prendre la précaution d'enlever les bourgeons). L'on conserve ainsi les rhizomes d'iris, les racines de réglisse, de grenadier et de raifort.

On les emploie, ensuite, sous l'une de ces formes :

Bains, bains locaux. — On fait bouillir les plantes voulues dans de l'eau ; on passe avec pression, et l'on verse dans l'eau du bain.

Cataplasmes. — Pâte molle composée de poudre ou farine délayée dans de l'eau. La pâte est étendue sur du linge ou du papier, tiède. On l'applique froide si la partie malade est rouge, enflammée, douloureuse.

Fumigations. — On fait infuser dans l'eau bouillante les plantes voulues, et l'on en dirige les vapeurs vers les organes malades.

Gargarismes. — On fait bouillir les plantes voulues dans de l'eau, l'on se rince la bouche ou la gorge avec le liquide, et on le rejette.

Lavements. — Préparations liquides à la température de 30° environ qu'on introduit dans le gros intestin.

Lotions. — Préparations liquides pour l'usage externe.

Tisanes. — Les simples sont : soit *macérées,* c'est-à-dire immergées un certain temps dans un liquide froid ; soit *infusées,* c'est-à-dire arrosées d'un liquide bouillant ; soit en *décoction,* c'est-à-dire bouillies un certain temps dans de l'eau.

Les simples sont, le plus souvent, employées en cas de maladie, d'accident. Beaucoup de personnes s'en servent, aussi, d'une manière continue, afin de contrebalancer les défauts de leur tempérament : il n'est pas rare, à la campagne, de voir des paysans ne boire que de la tisane et de la même tisane. A la moindre indisposition ils y ajoutent, d'ailleurs, un breuvage d'autres simples.

Il est fort intéressant et fort utile d'étudier les mœurs campagnardes ; parmi les habitudes rurales et dont l'origine remonte, peut-être, à des milliers d'années, l'on rencontre des indications remarquables pour la Médecine et la Botanique.

Pourquoi, par exemple, ne pas remarquer que les pommes de terre cueillies au clair de lune verdissent en quelques heures, ou que le bois à bâtir ne peut être utilisé que coupé au déclin de la lune ?

Les paysans ne cueillent pas les simples à n'importe quel moment. Sans le savoir, ils ne les cueillent que lorsque les planètes qui les signent sont à leur apogée, c'est-à-dire dans toute leur force. A cet instant les simples, aussi, sont dans toute leur force, elles possèdent le maximum de leur énergie, et alors, cueillies, le conservent.

Il ne s'agit pas seulement, pour cueillir les simples, qu'elles soient mûres : il faut attendre que leurs planètes soient, selon la théorie astrologique, « sur leurs trônes », ce que l'on connaît par les traités scientifiques ou par l'observation.

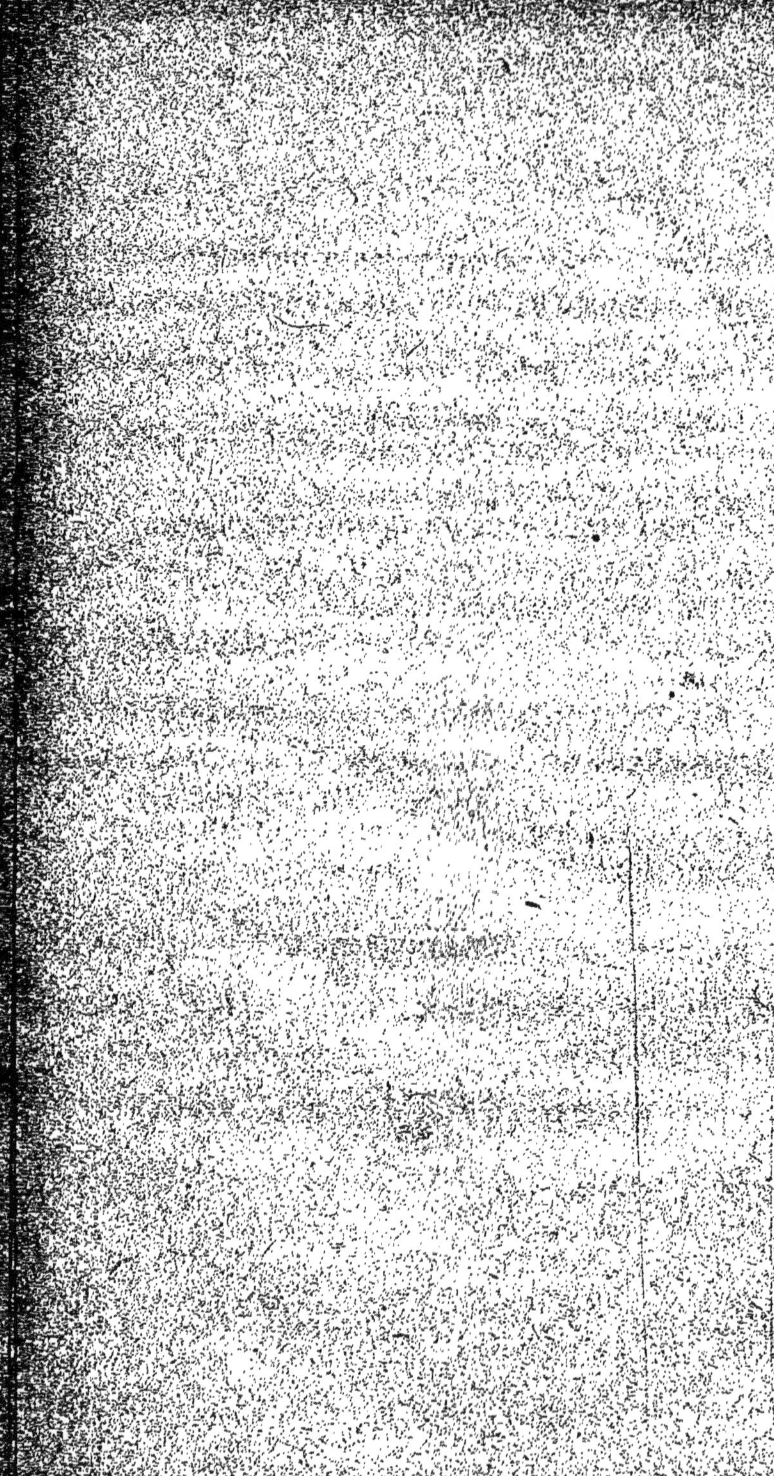

III

Principales Plantes médicinales
et leurs vertus

ABSINTHE (*herbe sainte*)

Elle fleurit l'été, particulièrement dans les lieux incultes. Son odeur est forte, sa saveur amère. La plante atteint un mètre de hauteur.

La fleur est jaune, la feuille découpée.

L'absinthe est diurétique, emménagogue et apéritive.

Prendre un verre, matin et soir, de la tisane ainsi composée : 15 grammes des sommités de la plante et un litre d'eau bouillante.

L'on peut, encore, mettre 15 grammes dans un litre de vin blanc et l'utiliser après huit jours de macération.

On utilise encore l'absinthe comme parasiticide contre les vers.

ACHE (*céleri des marais*)

L'ache fleurit l'été, dans les lieux humides. Sa saveur est âcre, son odeur peu agréable.

La racine de l'ache, infusée, à quantités égales, avec les racines de l'asperge, du fenouil, du petit houx et du persil, donne un sirop stimulant.

Le suc des feuilles est antiscorbutique.

La décoction des feuilles est diurétique.

ACONIT (*tue-loup*)

L'aconit fleurit l'été, dans les régions montagneuses. La fleur est bleue, la racine a la forme d'un navet.

La plante tout entière est toxique, très dangereuse.

Elle est antispasmodique, narcotique.

Sous forme de teinture, l'aconit est calmant.

Au moindre symptôme d'empoisonnement par l'aconit, il faut prendre un vomitif.

AIGREMOINE

L'aigremoine fleurit en Juillet, le long des haies. Ses fleurs sont jaunes, petites, en grappes, les tiges droites, les feuilles découpées en lobes aigus.

On emploie l'aigremoine comme astringent dans l'angine simple.

AIL

On cultive l'ail. Cette plante fleurit en Juillet.

L'ail est vermifuge et stimulant.

Les personnes atteintes de maladies de peau ne doivent pas employer l'ail.

ALOÈS

On se sert du suc desséché extrait des feuilles d'aloès.

On l'emploie à la dose d'un gramme comme purgatif.

La saveur est très amère.

AMANDIER

L'amande douce donne l'huile qui entre dans le cérat. Cette huile peut être encore utilisée comme laxatif pour les enfants et comme calmant dans la bronchite.

L'amande amère qui renferme de l'acide prussique est toxique. On l'emploie comme antispasmodique.

L'amandier, qui est surtout cultivé dans le Sud de la France, fleurit en Mars et fructifie en Août.

ANGÉLIQUE

Les racines de l'angélique ont des propriétés stimulantes (25 grammes par litre d'eau). On l'emploie, aussi, dans les fièvres intermittentes.

Le *Ratafia* se prépare ainsi :

Tiges et feuilles d'angélique...........	15 gr.
Eau-de-vie ordinaire...................	1 litre.
Eau...................................	150 gr.
Sucre.................................	350 gr.

L'angélique qu'on cultive fleurit en Juillet.

ANIS

15 grammes de graines d'anis infusées dans un litre d'eau donnent un bon stimulant et guérissent les coliques venteuses.

L'anisette, si renommée, se prépare ainsi:

Anis vert	160 gr.
Anis étoilé...........................	65 gr.
Coriandre	15 gr.
Fenouil...............................	15 gr.
Thé	30 gr.

L'on fait macérer, pendant 8 jours, dans 4 litres d'alcool à 85°. On distille et on sucre.

L'anis — qu'on cultive — fleurit en Juillet.

ARMOISE

(Herbe de la Saint-Jean, Ormoise)

L'armoise pousse dans les lieux incultes, elle fleurit en Août.

L'infusion d'armoise (20 grammes par litre d'eau) est emménagogue. On emploie, aussi, comme emménagogue, la poudre d'armoise ou son suc frais.

ASPERGE

Les racines sont diurétiques (50 grammes de racines par litre d'eau, en décoction).

L'asperge fleurit en Juin et Juillet.

L'asperge est un aliment sain, léger.

BALSAMITE

ANTISPASMODIQUE.

On se sert de l'infusion des feuilles (15 grammes par litre).

La balsamite fleurit en Juillet et Août.

BARDANE

Sudorifique.

Larges et longues feuilles ; fleurs terminées en crochet ; racines rugueuses.

On emploie la racine en tisane dans laquelle on met un peu de racine de réglisse.

La bardane croît sur le bord des chemins. Elle fleurit en Août.

BELLADONE

Antispasmodique, expectorant, narcotique. — Elle arrête la coqueluche.

Cette plante, fort dangereuse, croît dans les bois ombragés ; elle fleurit en Juillet et fructifie en Août.

Les fruits de belladone empoisonnent souvent de jeunes imprudents.

BENOITE (*herbe de Saint-Benoît*

Astringent. — Guérit les diarrhées légères.

Elle pousse dans les bois et les haies, et fleurit en Juin.

On emploie l'infusion de sa racine.

BETOINE

STERNUTATOIRE, STIMULANT.

Elle pousse dans les bois et fleurit en Août.

En pharmacie, elle entre dans la composition de la poudre de Pistoïa.

Ses feuilles, séchées et réduites en poudre, font éternuer.

BOUILLON BLANC

EXPECTORANT.

Pousse dans les friches, fleurit en Août.

Fleurs d'odeur agréable et bonnes en cas de bronchite.

On fait des cataplasmes émollients avec les feuilles. On prétend que les feuilles sont bonnes, encore, en infusion dans du lait, en cas de phtisie.

BOULEAU

ASTRINGENT.

On emploie l'écorce en décoction (50 gr. par litre).

Le bouleau fleurit en Mai.

BOURRACHE (*langue-de-bœuf*)

EXPECTORANT, SUDORIFIQUE.

Elle vient dans les lieux cultivés et fleurit en Juillet.

On emploie les fleurs et les feuilles en infusion (10 grammes par litre) en cas de rhume, de fluxion de poitrine, de fièvres éruptives (rougeole, fièvre scarlatine, petite vérole).

BRUYERE

DIURÉTIQUE.

On l'emploie en décoction (30 grammes par litre).

Elle croît dans le sable et fleurit en Juin.

BUGLE

STIMULANT.

Très commun.

Fleurit en Juin.

BUGLOSSE

EXPECTORANT.

Vient le long des chemins, et fleurit en Juin.

On emploie les fleurs en infusion (10 gr. par litre).

BUIS

PURGATIF.

L'on se sert des feuilles.

Le buis croît sur les collines calcaires sèches, et fleurit en Mai.

CAFE

Diurétique, stimulant.

Le café combat, aussi, la plupart des empoisonnements.

L'abus du café irrite l'estomac, amène des tiraillements, des insomnies. Les personnes nerveuses ne doivent pas en prendre.

CAMOMILLE

Antispasmodique, emménagogue.

La camomille pousse dans les lieux argileux et cultivés. Elle fleurit en Juillet et en Août.

L'odeur est agréable, mais la saveur fort amère.

On l'emploie en infusion (10 grammes de fleurs par litre d'eau). Cette infusion facilite la digestion.

CAPILLAIRE

Stimulant.

Pousse dans le Midi de la France, parmi les rochers humides.

On emploie le capillaire en infusion (20 grammes par litre d'eau).

On l'emploie, aussi, en sirop contre le rhume.

CAPRIER

Arbrisseau poussant dans le Midi de la France, et fleurissant en Juillet.

Employée en infusion (30 grammes par litre d'eau), l'écorce de la racine est diurétique.

On fait confire dans du vinaigre les boutons des fleurs, et l'on obtient, ainsi, d'excellents condiments.

CAPUCINE

STIMULANT, légèrement **DIURÉTIQUE**.

La capucine fleurit principalement en Juillet et Août.

On utilise les boutons des fleurs comme ceux du câprier.

CENTAUREE

TONIQUE, APÉRITIF.

Elle fleurit en Juillet et en Août. Elle pousse partout.

On l'emploie en infusion (25 grammes par litre d'eau ou de vin ; un petit verre avant chaque repas).

La petite centaurée guérit bien les accès de fièvre.

CERISIER

DIURÉTIQUE.
Les queues de cerises sont sudorifiques
(30 grammes par litre d'eau).
On cultive le cerisier.

CHANVRE

NARCOTIQUE.
Son odeur seule provoque souvent des
vertiges.
On l'emploie, surtout, en fumigations.

CHENE

Les galles de chêne sont astringentes ;
les glands, torréfiés, sont toniques.
Pousse dans les forêts ; fleurit en Mai.
Voici comment se fait notre quinquina :
écorce de chêne, 120 grammes ; noix de
galle, 30 grammes ; gentiane, 25 grammes ;
camomille, 20 grammes ; lichen, 5 grammes. On fait bouillir. Cette boisson se
prend, en cas de fièvre, à raison de 20 grammes avant et après l'accès.

CHICORÉE

SUDORIFIQUE.
Elle pousse dans les lieux incultes, et
fleurit en Août.

Elle entre dans la composition de l'Eau de Mélisse des Carmes.

Les feuilles s'emploient en tisane (10 gr. par litre), et les racines en décoction (30 grammes par litre).

Les jeunes pousses donnent une excellente salade.

CHIENDENT

DIURÉTIQUE.

Pousse partout, fleurit en Mai et Juin.

On l'emploie en décoction (30 grammes par litre d'eau).

On s'en sert dans toutes les maladies inflammatoires.

CIGUE

NARCOTIQUE. — *Plante dangereuse.*

Pousse dans les lieux incultes, fleurit en Août. Tige tachetée de pourpre, feuillage vert sombre, livide. Ne pas la confondre avec le cerfeuil.

On l'emploie, à l'extérieur, en cataplasme résolutif : faire cuire les feuilles, et les mettre dans un linge.

CITRONNIER

STIMULANT.

Le jus exprimé donne une boisson rafraîchissante. Le zeste entre dans la com-

Le citronnier pousse dans le Midi de la France.

CLÉMATITE

RÉVULSIF, PURGATIF.

La clématite pousse parmi les haies, et fleurit en Juillet.

C'est une plante qu'il ne faut employer qu'avec circonspection.

COGNASSIER

ASTRINGENT.

On cultive le cognassier, il fleurit en Mai.

On fait de son fruit un excellent sirop.

COLCHIQUE

DIURÉTIQUE.

Elle pousse dans les prairies, et fleurit en Septembre.

La colchique est un excellent spécifique de la goutte.

C'est une plante dangereuse qu'il ne faut employer qu'avec circonspection.

CONSOUDE

ASTRINGENT.

La consoude pousse dans les endroits humides, et fleurit en Juin.

On emploie la racine en infusion
(30 grammes par litre d'eau).

La décoction est émolliente.

La racine fraîche râpée et appliquée sur
une brûlure calme la douleur.

COQUELICOT

EXPECTORANT.

Le coquelicot pousse parmi les moissons,
et fleurit en Juin et Juillet.

On fait une tisane avec les pétales
(5 grammes par litre d'eau).

On la mélange, souvent, avec la mauve,
la guimauve, le bouillon blanc, la violette.

COURGE

La semence de courge est parasiticide
(contre le ténia).

Les vétérinaires emploient l'huile de
courge.

On cultive la courge ; elle fleurit en Juillet et en Août.

CRESSON

STIMULANT, DÉPURATIF.

Pousse dans l'eau, fleurit en Juillet.

Il entre dans la composition du sirop
antiscorbutique.

Tout le monde apprécie le cresson comme condiment.

CUMIN

STIMULANT, SUDORIFIQUE.

On l'emploie en infusion (4 grammes par litre d'eau).

En France, il ne vient que cultivé.

DENTELAIRE

RÉVULSIF.

C'est une plante dangereuse.

Elle croît dans le Midi de la France, et fleurit en Août.

DIGITALE

DIURÉTIQUE, FÉBRIFUGE.

C'est une plante fort dangereuse. Elle fleurit en Juillet.

La digitale modère les battements du cœur.

On fait macérer 40 centigrammes de feuilles dans 120 grammes d'eau.

DOUCE-AMÈRE (*vigne sauvage*)

STIMULANT.

Elle fleurit en Juillet ; elle pousse partout.

On l'emploie en décoction (20 grammes de rameaux coupés en petits morceaux par litre d'eau).

Ses feuilles **sont**, souvent, employées en cataplasme.

ERGOT DE SEIGLE

EMMÉNAGOGUE, ASTRINGENT.

C'est un petit champignon qui attaque le seigle.

Il est dangereux.

On l'emploie frais et pulvérisé.

EUCALYPTUS

Pousse dans le Midi de la France, et fleurit l'hiver.

Les feuilles et l'écorce sont astringentes. On emploie les feuilles en tisane contre le rhume et la bronchite, et en poudre ou en teinture les feuilles contre la fièvre.

Les émanations de l'arbre sont très salutaires.

FENOUIL

DIURÉTIQUE.

On emploie les racines en décoction (50 grammes par litre d'eau).

Les graines sont apéritives. Elles augmentent le lait des nourrices.

Cette plante fleurit en Juillet et en Août.

FEVE

Diurétique.

On emploie les fleurs en infusion (une pincée par tasse) ; cette infusion est également employée contre les coliques néphrétiques.

La fève fleurit en Juin.

La fève, mangée fraîche, forme une nourriture très légère.

FOUGERE

La fougère mâle est parasiticide (contre le ténia).

On emploie la racine en décoction (50 gr. par litre d'eau) qu'on prend en tisane ou en lavement.

La fougère mâle pousse dans presque tous les bois.

FRAISIER DES BOIS

La racine est astringente. On l'emploie en infusion (20 grammes par litre d'eau).

Le fraisier pousse dans tous les bois, et fleurit en Mai.

FRAMBOISIER

Les feuilles sont astringentes.

Le framboisier croît dans les jardins ; il fleurit en Juin et fructifie en Juillet.

FUMETERRE

Stimulant

Elle croît dans les lieux cultivés, et fleurit l'été. Sa feuille, froissée, a une odeur nauséabonde.

La fumeterre est un excellent dépuratif ; boire trois tasses par jour de l'infusion (20 grammes par litre d'eau). Cette infusion guérit les dartres.

Toutefois, c'est une plante dangereuse.

FUSAIN

Émétique.

Les fruits en décoction (30 grammes par litre d'eau) sont employés contre la gale.

Le fusain vient dans les bois, et fleurit en Mai.

GENET

Pousse dans les terrains sablonneux, et fleurit en Mai.

Le genet est un régulateur des battements du cœur.

Il est diurétique.

C'est une plante dangereuse contenant un poison violent.

GENÉVRIER

Il pousse dans les terrains pierreux, et fleurit en Mai.

Les fruits, ou baies, sont stimulants et diurétiques. On les emploie en infusion (16 grammes par litre d'eau) et en fumigations.

La décoction de bois de genévrier facilite la cicatrisation des vieux ulcères.

GENTIANE

Pousse sur les hauteurs, et fleurit en Août.

C'est un amer fort tonique, un excellent digestif.

On l'emploie en décoction (15 grammes de racines par litre d'eau) et en vin (30 gr. de racines, 60 gr. d'alcool à 60° et un litre de vin rouge. En prendre 100 gr. par jour).

GRENADIER

L'écorce et la racine sont parasiticides (contre le ténia) ; on en fait bouillir 80 gr. dans un litre d'eau.

Les fleurs sont astringentes.

Le fruit est un excellent comestible.

Le grenadier fleurit en Juin et fructifie en Automne.

GUI

ANTISPASMODIQUE.

La plante est employée en décoction (30 grammes par litre d'eau).

Le gui pousse sur plusieurs arbres, et fleurit en Avril.

GUIMAUVE

EXPECTORANT.

Elle pousse dans les terrains humides, et fleurit en Juillet.

Les fleurs en infusion (15 grammes par litre d'eau) sont adoucissantes, émollientes, pectorales.

La racine en décoction guérit les yeux et les oreilles ; elle est, aussi, employée en lavement. Les feuilles font de bons cataplasmes.

HELLÉBORE (*rose de Noël*)

STERNUTATOIRE.

L'hellébore blanc est parasiticide (contre les poux).

L'infusion de racines (4 grammes par 120 grammes d'eau) est employée souvent comme vomitif.

C'est une plante dangereuse qui fleurit en Novembre.

HOUBLON

On le cultive. Il fleurit en Juillet.

L'infusion et la décoction de houblon (20 grammes par litre d'eau) sont stimulantes. On les emploie contre les dartres.

On remplit de houblon un sac et on le place sous la tête pour lutter contre l'insomnie.

Tout le monde sait que le houblon sert à fabriquer la bière.

HOUX

Purgatif.
Les fruits sont émétiques.
Le houx pousse dans les bois, et fleurit en Mai.

HYSOPE

Il pousse dans le Midi de la France, parmi les terrains arides, et fleurit en Juillet.

L'infusion de fleurs (15 grammes par litre d'eau) est un stimulant et un antiscrofuleux. On l'emploie dans les affections pulmonaires et les catarrhes chroniques.

IF

ANTISPASMODIQUE.

C'est une plante dangereuse qui empoisonne souvent des animaux.

L'if fleurit en Août et fructifie en Novembre.

JUSQUIAME (*potelée*)

Elle fleurit en Juin.

C'est une plante dangereuse qui contient un poison violent.

Les feuilles et les graines sont narcotiques.

La jusquiame est un expectorant.

Elle entre dans la composition du *Baume tranquille*.

LAITUE

EXPECTORANT.

La laitue entre dans la composition du bouillon aux herbes.

Une tasse de tisane de laitue prise en se couchant assure une nuit calme.

On la cultive. Elle fleurit en Juillet.

LAURIER

Le laurier-cerise est narcotique.

On distille son eau, et on l'emploie contre les bronchites (trois cuillerées par jour dans une tasse de lait).

Quant au laurier-rose, qui pousse dans le Midi de la France et fleurit en Juillet, c'est une plante très dangereuse ; il est employé comme vomitif et pour régulariser les mouvements du cœur.

LAVANDE

Elle pousse dans le Midi de la France, parmi les terrains secs.

En sachets elle préserve des mites.

La tisane de lavande (8 grammes par litre d'eau bouillante) est un stimulant, un antispasmodique qu'on emploie en cas de syncope, de migraine.

La lavande entre dans la composition de l'*Eau de Cologne*.

LIERRE

Le lierre fleurit en Septembre ; il pousse partout.

Le lierre est émétique, stimulant.

La résine du tronc est emménagogue.

4

LIS

On le cultive. Il fleurit en Juin et Juillet.

On emploie les bulbes écrasés et bouillis en cataplasmes. En faisant macérer les fleurs on obtient une huile calmante.

Le lis est, le plus souvent, utilisé comme expectorant.

MAIS (*blé de Turquie*)

Les stigmates constituent un excellent diurétique.

La farine de maïs est un excellent aliment pour les phtisiques.

Il fleurit en Juillet et fructifie en Septembre.

MANDRAGORE

Narcotique, aphrodisiaque.

La mandragore pousse à l'état sauvage dans le Midi de la France.

Elle n'est plus guère employée aujourd'hui.

MARJOLAINE

La poudre de la plante entière est sternutatoire.

Les feuilles donnent un bon stimulant.

La marjolaine pousse dans le Midi de la France, et fleurit en Juillet.

MARRONNIER

Le marron d'Inde est sudorifique.
L'écorce est fébrifuge.
On emploie l'huile contre la goutte.
Le marronnier pousse partout, il fleurit en Mai.

MAUVE

Elle fleurit tout l'été. Elle pousse partout.
L'infusion des fleurs est expectorante (15 grammes par litre d'eau).
Les feuilles sont émollientes. On les emploie en cataplasme ou en décoction.

MELEZE

Le mélèze est un grand arbre qui pousse dans les Alpes.
Son tronc donne une essence qu'on emploie comme stimulant, et ses feuilles sont purgatives.

MELILOT

Il pousse un peu partout, et fleurit en Août.
L'infusion de fleurs est employée com-

me astringent, celle de feuilles comme stimulant.

MÉLISSE *(citronelle)*

Fleurit en Juillet et en Août, pousse partout.

L'infusion de feuilles (5 grammes par litre d'eau) est antispasmodique

On obtient une excellente eau de mélisse avec la formule suivante : menthe poivrée, sauge, absinthe, hysope, basilic, 15 grammes de chaque ; on laisse macérer quinze jours dans 1 litre ½ d'eau-de-vie.

MENTHE

Elle fleurit en Août.

L'infusion de feuilles (15 grammes par litre d'eau) est un excellent stimulant.

On fait une excellente liqueur avec la formule suivante : essence de menthe, 6 grammes ; alcool à 80°, 4 litres ; sucre, 5 kilos 500 ; eau, 2 litres 500.

MERCURIALE

Fleurit tout l'été.

S'emploie comme laxatif en lavement (50 grammes en décoction par litre d'eau) ou en miel (mercuriale sèche, 125 grammes ; eau distillée, 1.900 grammes ; miel, 1 kilo).

La mercuriale appliquée sur la tête des jeunes enfants fait tomber les croûtes.

MILLEFEUILLE

Fleurit en Juin et Juillet.

On emploie comme stimulant les feuilles et les sommités fleuries en infusion (5 gr. par tasse).

Le millefeuille est légèrement fébrifuge.

MILLEPERTUIS (*chassediable*)

Pousse dans les terrains secs. Fleurit en Juin et Juillet.

On emploie comme stimulant les sommités fleuries en infusion (30 grammes par litre d'eau).

Le millepertuis entre dans la composition du *Baume tranquille* et du *Baume du Commandeur*.

MORELLE

La morelle noire est narcotique, antispasmodique. Ses feuilles fraîches entrent dans la composition du *Baume tranquille* et de l'*Onguent populéum*.

C'est une plante suspecte qui a causé quelques accidents.

La morelle noire fleurit tout l'été ; elle croît partout.

MOUTARDE

Elle croît dans les lieux humides, et fleurit en Juillet.

Excellent révulsif et stimulant. C'est avec la farine de moutarde que l'on confectionne le sinapisme. On l'emploie, aussi, en bain de pieds.

Avec la graine de moutarde on fabrique du vin antiscorbutique.

MYRTE

On emploie cette plante (30 grammes par litre d'eau) comme astringent, spécialement dans le catarrhe des bronches.

Le myrte pousse dans le Midi de la France, et fleurit en Juillet.

NARCISSE

L'infusion des fleurs (2 grammes par tasse) est émétique. On l'emploie surtout en cas de coqueluche.

Les bulbes sont purgatives.

Le narcisse pousse dans les endroits frais, et fleurit en Mars et en Avril.

NENUPHAR (*lis d'eau*)

Le sirop de fleurs de nénuphar est calmant.

Le rhizome du nénuphar est astringent, et employé en cas de diarrhée.

Le nénuphar pousse sur les eaux dormantes, et fleurit l'été.

NOYER

On emploie l'écorce fraîche en cataplasme, contre la pustule maligne.

L'infusion de feuilles (10 grammes par litre d'eau) est un stimulant.

La décoction (30 grammes par litre) est employée comme astringent pour l'usage externe.

On cultive le noyer. Il fleurit en Avril et fructifie en Septembre.

OEILLET

La fleur est astringente et tonique.

Tantôt l'œillet est cultivé, tantôt il pousse à l'état sauvage.

Il fleurit en Juillet.

OIGNON

L'oignon cuit sous la cendre est employé comme cataplasme.

L'oignon est stimulant. On s'en sert, aussi, comme vermifuge.

L'oignon fleurit en Août.

ORANGER

L'eau de fleurs d'oranger et l'infusion de feuilles (5 grammes par litre) sont des antispasmodiques bien connus.

Avec l'écorce d'orange on fait un sirop tonique.

L'oranger est cultivé dans le Midi de la France, il fleurit en mai et fructifie en Janvier.

ORGE

La tisane d'orge (20 grammes par litre d'eau) est utilisée comme émollient dans les inflammations intestinales.

L'orge est diurétique.

L'orge fleurit en Juin et fructifie en Juillet. On le cultive.

ORTIES

L'infusion de fleurs d'ortie blanche (10 grammes par litre d'eau) est astringente.

La grande ortie est employée comme stimulant.

Les orties poussent dans les haies ; elles fleurissent tout l'été.

OSEILLE

La décoction de racine est diurétique (20 grammes par litre d'eau).

La feuille est un excellent stimulant.

Tantôt l'oseille est cultivée, tantôt elle pousse à l'état sauvage.

PARIÉTAIRE

Contenant beaucoup de nitre la pariétaire est diurétique. On l'emploie en infusion (30 grammes par litre d'eau) à raison d'un litre par jour.

Les feuilles sont employées en cataplasmes résolutifs.

Pousse dans les haies, dans les pierres, fleurit tout l'été.

PATIENCE

La racine est astringente.

La décoction (15 grammes par litre d'eau) est sudorifique.

La décoction est employée à l'extérieur comme antiseptique.

La patience pousse partout ; elle fleurit en Août.

PAVOT

Les têtes de pavots débarrassées des graines et bouillies sont employées en gargarisme expectorant et en lavement calmant.

A cause de l'opium qu'elle contient, c'est une plante dangereuse.

On cultive le pavot ; il fleurit tout l'été.

PÊCHER

L'infusion de feuilles et de fleurs (50 gr. par litre d'eau) est antispasmodique.

Le pêcher est cultivé ; il fleurit en Mars.

Les feuilles, les fleurs et les amandes contiennent un poison qui peut être dangereux.

PENSÉE

La tisane (une poignée par litre d'eau) est sudorifique.

On emploie la plante entière écrasée en cataplasme avec du lait pour faire tomber les croûtes lactées.

Tantôt la pensée est cultivée, tantôt elle pousse à l'état sauvage. Elle fleurit en Juin et Juillet.

PERSIL

Les fruits du persil sont diurétiques et emménagogues.

Toute la plante est employée comme stimulant.

On cultive le persil ; il fleurit en Juin et Juillet.

PIMENT (*poivre de Cayenne*)

La teinture est stimulante.

Le piment est souvent employé comme révulsif.

On cultive le piment.

PISSENLIT

Sudorifique et diurétique médiocre.

On emploie la décoction de feuilles et de racines (60 grammes par litre d'eau).

Le pissenlit croît partout ; fleurit tout l'été.

PIVOINE

Le rhizome est antispasmodique (infusion, 30 grammes par litre).

Les graines sont purgatives.

La pivoine est cultivée. Elle fleurit en Mai.

POIREAU

Le poireau en décoction est diurétique.
On cultive le poireau.
Aliment rafraîchissant, digestif, sain, mais peu nourrissant.

POLYPODE

En décoction avec du lait et du sucre le polypode est légèrement purgatif (50 gr. par litre d'eau).
Le polypode est, aussi, anticatarrhal.
Pousse dans des endroits humides, sur les arbres pourris.

PRIMEVÈRE (*coucou*)

L'infusion de fleurs (10 grammes par litre d'eau) est antispasmodique.
La racine est employée contre la gravelle.
La primevère pousse partout. Elle fleurit en Avril.

PRUNIER

Les pruneaux (prunes séchées) sont légèrement purgatifs.
L'écorce du prunier est astringente.

PULMONAIRE

Pousse dans les bois ombragés, et fleurit en Mai.

On l'emploie en sirop comme expectorant.

Les feuilles fraîches sont émollientes..

RAIFORT

On cultive le raifort.. Il fleurit en Juillet.

Sa racine (60 grammes) macérée pendant 8 jours avec 30 grammes de cresson, 30 grammes de cochléaria. et 2 litres de vin blanc donne un excellent sirop antiscorbutique qu'on absorbe à raison d'un verre à bordeaux matin et soir.

Le raifort est stimulant.

REGLISSE

L'infusion de racines (15 grammes par litre d'eau) est employée comme émollient.

La tisane (décoction) est employée comme expectorant.

La macération donne le coco si apprécié des enfants.

On cultive la réglisse. Elle fleurit **tout** l'été.

RENOUEE

La plante est astringente.
Le fruit est purgatif.
La renouée pousse partout.

RHUBARBE

Excellent purgatif en poudre ou en macération (5 grammes par litre d'eau).
Le sirop est laxatif.
La racine est vermifuge.

RICIN

Fleurit en Juillet et Août.
L'huile extraite de ses grains constitue un excellent purgatif. En prendre 50 gr. dans du café ou du bouillon.
Le ricin chasse les moustiques.

ROMARIN

Il pousse dans les terrains arides du Midi de la France.
La tisane des fleurs et des feuilles est un bon stimulant en cas de catarrhe des bronches (10 grammes par litre d'eau).
On applique les feuilles cuites dans du vin sur les entorses.

RONCE

La ronce fleurit l'été et fructifie en Septembre. Elle pousse partout,

La tisane des feuilles (20 grammes par litre d'eau en décoction) constitue un excellent astringent en cas de mal de gorge; on l'emploie, alors, en gargarisme.

ROSIER

La rose rouge est astringente.

La rose est cultivée. Elle fleurit tout l'été.

RUE

STIMULANT, EMMÉNAGOGUE.

C'est une plante dangereuse. Elle peut être mortelle.

La rue pousse dans les terrains arides du Midi. Elle fleurit en Juillet.

SABINE

EMMÉNAGOGUE.

C'est une plante dangereuse.

La poudre, employée à l'extérieur, irrite.

La décoction de sabine employée en lotion est bonne contre la gale.

SAFRAN

EMMÉNAGOGUE, EXPECTORANT (2 grammes par litre d'eau-de-vie).

L'infusion très légère est bonne contre la coqueluche.

On cultive le safran. Il fleurit l'automne.

SAPONAIRE

La plante entière en décoction (60 grammes par litre d'eau) est sudorifique.

Elle guérit la jaunisse.

Pousse partout. Fleurit en Août.

SARRIETTE

ANTISPASMODIQUE.

On l'emploie en infusion (10 grammes par litre d'eau).

Pousse surtout dans le Midi de la France.

SAUGE

L'infusion des feuilles et des sommités fleuries de la sauge (10 grammes par litre d'eau) stimule ; elle facilite la digestion.

A l'extérieur la décoction (100 grammes par litre d'eau) guérit les maladies de peau.

Pousse dans les terrains secs, surtout dans le Midi de la France. Fleurit en Juin.

SCABIEUSE

L'infusion de fleurs ou de feuilles (50 grammes par litre d'eau) est sudorifique.

La racine est légèrement emménagogue. Fleurit en Juillet.

STAPHYSAIGRE (*graine de capucin*)

Parasiticide (contre les poux). On réduit les grains en poudre.

C'est une plante dangereuse.

Elle pousse dans le Midi de la France.

STRAMOINE

ANTISPASMODIQUE.

On fait sécher les feuilles et on les fume comme celles du tabac. Ces cigarettes sont surtout employées contre l'asthme.

C'est une plante dangereuse.

Elle pousse partout. Elle fleurit en Juillet et Août.

SUREAU

L'infusion des fleurs (5 grammes par litre d'eau) est sudorifique.

La décoction (50 grammes par litre) s'emploie à l'extérieur en lotions.

Le bourgeon est vomitif.

Le sureau croît partout. Il fleurit en Juillet.

TABAC

NARCOTIQUE.

Le tabac est, aussi, parasiticide (contre les poux).

Contre les hernies on emploie les lavements de tabac (12 grammes de feuilles sèches par litre d'eau bouillante).

On cultive le tabac. Il fleurit en Août.

TANAISIE (*herbe aux vers*)

PARASITICIDE (contre les vers). On applique un cataplasme de feuilles sur le bas-ventre.

L'essence de tanaisie est très active et possède des propriétés abortives.

C'est une plante dangereuse.

La tanaisie pousse partout, et fleurit tout l'été.

THE

STIMULANT.

THYM

Stimulant.

Il est employé comme antiseptique (thymol).

Le thym pousse dans les terrains secs. Il fleurit en Mai.

TILLEUL

L'infusion de tilleul est bien connue.

Elle est antispasmodique. On l'emploie contre les vertiges, les maux de tête.

Les bains de fleurs de tilleul sont recommandés dans les maladies nerveuses.

Pousse partout ; fleurit en Juillet.

TORMENTILLE

Astringent.

On l'emploie en décoction (10 grammes par litre) surtout contre la diarrhée.

La tormentille pousse partout.

ULMAIRE

Les feuilles sont astringentes et bonnes en cas de diarrhée.

Les fleurs sont diurétiques.

Pousse dans les terrains humides, et fleurit en Juillet.

VALÉRIANE *(herbe aux chats)*

ANTISPASMODIQUE.

On l'emploie surtout dans les crises d'hystérie.

C'est une plante dangereuse qui peut provoquer des vertiges.

Pousse partout et fleurit en Juillet et Août.

VERVEINE *(herbe sacrée)*

Elle pousse au bord des chemins et fleurit l'été.

Elle est antispasmodique.

On emploie ses feuilles en cataplasme contre le rhumatisme.

On l'applique pilée et mélangée avec du vinaigre sur les entorses.

VIGNE

DIURÉTIQUE.

Le raisin mûr est employé contre la gastrite.

———

Ajoutons quelques mots au sujet de certaines plantes dangereuses :

La *fumeterre* contient un principe actif, la fumarine, qui, à dose exagérée, produit des effets nocifs. On cite le cas d'une femme atteinte de jaunisse qui but de la fumeterre et éprouva, bientôt, des accidents cholériques.

Les feuilles, les fleurs, les amandes du *pêcher* contiennent de l'acide cyanhydrique qui peut empoisonner. Un enfant de dix-huit mois est mort au milieu de convulsions et de vomissements pour avoir pris une décoction de fleurs de pêcher que sa mère lui avait préparée pour chasser les vers. Un homme de trente ans, après avoir absorbé de la tisane de feuilles de pêcher pour se purger, éprouva les divers symptômes d'un empoisonnement par l'acide cyanhydrique.

L'*hellébore* produit des pesanteurs de tête, des bourdonnements d'oreilles, la dilatation des pupilles, un sommeil lourd, agité, le ralentissement du pouls, des vomissements, une grande diarrhée. Elle peut amener la mort.

La *belladone* amène souvent la mort. Cazin rapporte que 150 soldats moururent pour avoir mangé des baies de belladone.

La *jusquiame* qui contient de l'huyosciamine amène souvent des empoisonnements. Ses exhalaisons sont même dangereuses, et l'on cite des laboureurs qui éprouvèrent tous des symptômes d'un grave empoisonnement pour avoir dormi dans un grenier

où se trouvaient des racines de cette plante.
A la campagne, ses feuilles tuent nombre
d'animaux. Beaucoup de volailles ayant
avalé ses graines périssent dans des convulsions.

La *grande ciguë* est excessivement dangereuse ; elle contient un poison dont une
goutte peut tuer un lapin en quelques minutes. La *petite ciguë* n'est pas moins dangereuse : Bulliard rapporte qu'un jeune
garçon en ayant mangé en salade, croyant
que c'était du persil, mourut après que
tout son corps se fut enflé et couvert de
taches livides.

Il importe donc de ne pas confondre ciguë et persil.

La *digitale pourprée* peut amener aussi
la mort. Elle stupéfie le système nerveux,
cause des nausées, des vomissements, des
vertiges, du délire, la rareté et l'intermit-
tence du pouls, des syncopes, la cécité, la
somnolence, le coma.

La *sabine* ne doit être employée qu'avec
la plus extrême circonspection. Une femme de cinquante ans qui souffrait d'une tu-
meur prit de la sabine ; elle subit un ré-
trécissement des nerfs, elle eut les doigts
des mains et des pieds contrefaits, repliés
sur eux-mêmes, elle éprouva des vomisse-

ments répétés et mourut dans des coliques atroces.

L'ergot de seigle n'est pas moins dangereux. Il produit l'enivrement, l'hébétude, des vertiges, des troubles de la vue et de l'ouïe, des mouvements convulsifs, des douleurs vives ; la peau se couvre de taches brunes, la gangrène arrive, le pouls se ralentit.

Dans presque tous les cas d'empoisonnement par les plantes il faut, d'abord, en attendant l'arrivée du médecin, faire vomir en chatouillant le fond de la gorge avec les barbes d'une plume, puis appliquer sur la tête des compresses d'eau froide, enfin, selon l'état du malade, employer des excitants ou des calmants.

Enfin, indiquons quelques remèdes et recettes tirés de plantes communes et dont l'efficacité est incontestable :

... La racine de concombre sauvage se recueille au mois de mai ; le suc exprimé est filtré jusqu'à ce qu'il soit bien clair. L'essence obtenue à la suite des manipulations habituelles se recommande comme purgative dans la jaunisse et les cas d'obstruction du foie et de la rate.

Du suc extrait des fruits de concombre

sauvage pendant l'automne on fait un **ex-cellent** remède évacuatif de la bile.

Les racines de squilles donnent un suc purgatif qui désencombre la poitrine, le foie et la rate.

On fait macérer la rhubarbe dans une liqueur additionnée de vin blanc et de cannelle ; c'est ce qu'on appelle vulgairement l'infusion de rhubarbe. Mais ce médicament devient meilleur si l'on suit la méthode suivante : pulvériser la rhubarbe et l'enfermer dans un vaisseau de verre à long col ; verser, au-dessus, de l'alcool de vin en assez grande abondance ; le vaisseau bouché, faire digérer au bain, trois à quatre jours, jusqu'à coloration du liquide que l'on mettra à part dans un autre récipient ; puis, remettre sur les fèces un menstrue nouveau jusqu'à ce qu'il ne se colore plus et que la lie de la rhubarbe demeure blanchâtre. Circuler le tout, séparer le menstrue par le bain ; l'essence de rhubarbe restera au fond ; on y ajoutera un peu d'extrait de cannelle. Ce purgatif, pris avec vin blanc, agira plus fortement que l'infusion. Il convient aux enfants, aux femmes enceintes, aux vieillards et aux personnes affaiblies.

Voici le moyen de faire une excellente limonade :

Prendre les zestes de trois citrons et les faire infuser trois minutes dans un litre d'eau bouillante.

Passer ensuite au tamis, ajouter 750 grammes de sucre et faire bouillir de nouveau le mélange, auquel on adjoindra le jus des trois citrons. Mettre en bouteilles après refroidissement.

Deux cuillerées à café de ce sirop dans un verre d'eau donnent une boisson *dite tempérante*, usitée pour calmer la soif dans les maladies fébriles et beaucoup mieux supportée par l'estomac que la limonade ordinaire.

* * *

Pour blanchir les mains, mettre dans l'eau dont on se sert de la farine de maïs, qui, une fois mouillée, forme une pâte douce qui nettoie très bien.

Ce procédé exclut l'usage du savon, même si les mains ont été salies par un travail grossier.

Ajoutez sur les mains quelques gouttes de glycérine avant de les essuyer, et vous serez ravis du résultat obtenu.

Quand, par suite d'un violent mal de dents, d'un refroidissement, d'un courant d'air, etc., une *fluxion se produira à votre joue*, composez le remède suivant, qu'a bien voulu nous communiquer M. L. Merinhargues, de Nîmes. Nous l'avons fait expérimenter et il donne des résultats merveilleux :

Prenez une gousse d'ail, enlevez la petite peau fine, pressez-la ensuite fortement entre vos doigts, de manière à en former un bouchon que vous mettez dans votre oreille (du côté où est la fluxion). Enveloppez bien durant la nuit entière toute la tête et même la joue du malade.

Dès le début, vous éprouverez un tiraillement, puis une fraîcheur, mais, le lendemain, l'enflure et la douleur seront disparues.

———

Contre les furoncles : Un remède bien populaire dans les campagnes consiste à couper une grosse figue sèche en deux, la faire tremper dix minutes dans du lait tiède et l'appliquer, côté chair, sur la partie malade ; l'effet maturatif ne se fait pas attendre, et en continuant quelques jours ce traitement, le furoncle disparaît sans laisser de traces.

———

Contre tous les maux d'yeux en général, nos ancêtres employaient le grand plantain (vulgairement appelé plantain des oiseaux, queue de rat, herbe des cinq côtes).

On en prend un gros paquet (racines, tiges, feuilles, toute la plante), et, après l'avoir bien lavé, on le fait bien bouillir, pendant une demi-heure, dans un litre de vin rouge ou blanc.

D'un autre côté, on fait bouillir pendant cinq minutes, dans un demi-litre, une bonne poignée de feuilles de roses. Ajoutez une bonne cuillerée à café de sel de cuisine.

Après avoir passé ces deux tisanes, on les mélange ensemble et on a l'*Eau divine* pour les yeux. Un litre environ. Tenir la bouteille bien fermée.

Remède pour les ongles ébranlés, cassés ou trop faibles, surtout pour ceux des pieds : mélangez ensemble une once d'huile d'amandes amères, une drachme d'huile de tartre, et un peu d'essence de citron ; lavez-vous souvent les ongles de cette composition, et mettez une petite compresse de nuit sur les ongles.

Liniment contre les pleurésies et points de côté : Huile d'olive, deux onces ; savon ordinaire, trois gros ; six têtes de pavot bouillies dans de l'eau ; il faut mêler le tout et l'employer chaud.

———

Contre la piqûre des mouches à miel et des cousins : Y appliquer du persil brûlé, ou bien frotter la partie affectée avec de l'huile d'olive chaude. Surtout ne pas gratter.

———

Contre les écorchures et plaies aux jambes : Prenez la partie blanche d'un poireau, trempez-la dans du lait tiède pour la faire ramollir, et appliquez-la sur la plaie que vous aurez, auparavant, bassinée avec du lait. Vous changerez le poireau toutes les vingt-quatre heures, jusqu'à parfaite guérison.

———

Contre le hâle du soleil : Prenez de la pommade faite avec : huile d'amandes douces, cire et camphre, et en frottez tous les soirs.

———

Contre la migraine : Mêlez des feuilles

de roses rouges et un peu de farine de froment avec du vinaigre ; faites bouillir ce mélange jusqu'à consistance d'emplâtre, et appliquez-le sur les tempes.

Contre les meurtrissures ou contusions : Pour les meurtrissures ou contusions il faut se servir de persicaire maculé, lequel a la propriété de les ôter tout à l'instant.

Le chélidoine mineur a les mêmes effets à cause de sa signature ; car, mêlé avec quelques onguents dont on peut faire un liniement, il ôte non seulement les tumeurs et meurtrissures, mais, encore, les macules ou cicatrices externes.

On prend de la myrrhe d'Alexandrie, de l'aloès épatique et quatre onces de safran oriental que l'on pulvérise ensemble, puis on les met dans un verre en les humectant d'esprit-de-vin alcoolisé ; cela fait, il faut y ajouter de l'huile de soufre rectifié, sans quoi toute la matière se brûlerait et deviendrait noire comme du charbon.

Cet élixir, qui constitue le Baume des Anciens, est un très bon tonifiant, surtout pour les gens âgés. Il agit sur les affections de l'estomac et des poumons, contre la peste, chasse les humeurs du ventricule, soulage le foie, guérit de la migraine, dissout le calcul des reins, guérit de la fièvre quarte, préserve de la paralysie et de la goutte, chasse la mélancolie, combat la vieillesse et prolonge la vie.

La dose est de dix à douze gouttes dans du vin ou de l'eau.

———

Contre les engelures : Prendre un pied de céleri tout entier, le faire bouillir une heure dans environ trois litres d'eau. Bien laver, soir et matin, avec cette tisane, les parties malades. Guérison en six ou huit jours.

Autre remède. — Dans un litre de lait, faites bouillir, environ dix minutes, une grosse poignée de feuilles de bouillon-blanc. Avant de vous mettre au lit, lavez bien les parties malades et ne les séchez pas.

Vous obtiendrez un soulagement dès la première fois et, en moins de huit jours, vous serez radicalement guéri.

———

Contre les maux de dents : Un remède bien simple, et qui, cependant, donne de bons résultats, consiste à faire bouillir, pendant dix minutes, dans un demi-litre de vin rouge ou blanc, une bonne poignée de feuilles de lierre grimpant (à défaut de lierre 4 à 5 têtes de pavot), y ajouter une forte pincée de sel de cuisine, passer avec un linge et se gargariser la bouche, du côté où les dents font mal, avec une cuillerée de cet élixir et cracher après quelques minutes. Cet élixir peut se conserver en bouteille.

Contre le rhume : Coupez un citron en deux ; pressez la moitié dans votre main et reniflez-en fortement le jus ; après avoir éternué, faites-en de même de l'autre moitié.

Contre les cors aux pieds : On prend l'oignon du lis (soit des jardins, soit des vallées), on le pile et on l'applique en guise de pommade sur le cor. Ce remède a guéri beaucoup de personnes qui avaient expérimenté des milliers de remèdes sans succès.

Pour avoir la voix bonne et bien claire : Prenez des fleurs de sureau en poudre, le matin, à jeun, dans du vin blanc, une drachme. Avant de réduire ces fleurs en poudre, il faut les faire sécher au soleil, et prendre garde qu'elles ne se mouillent ; pour avoir la voix claire, il en faut prendre tous les matins.

———

Pour guérir l'hydropisie : Il faut prendre deux bonnes poignées de fougère, la gratter un peu pour en ôter la vilainie, et la mettre bouillir dans une grande cruchée d'eau l'espace de deux heures. On s'en sert à ses repas comme d'autre eau, en la mêlant, si l'on veut, avec du vin : il faut choisir de la fougère qui n'a qu'une branche, celle qui en a plusieurs n'étant pas propre.

———

Pour la gravelle : Prenez des gousses de noix sèches et des graines de laitue, broyez-les ensemble, passez-les dans un sachet ; puis, vous en boirez dans du vin blanc jusqu'à ce que vous soyez guéri.

———

La décoction de feuilles de viorne, dans du vin, guérit l'épilepsie.

La semence d'ortie, cuite dans du vin, guérit la pleurésie et l'inflammation des poumons. Les feuilles d'ortie, broyées et appliquées sur les plaies et les ulcères, **en arrêtent la gangrène.**

Le pourpier, mâché cru, **guérit les ulcè**res de la bouche.

L'infusion d'angélique dans du vin guérit les ulcérations intérieures. Une pincée de cette plante réduite en poudre, avalée en hiver, avec un peu de vin, chaque matin, préserve des épidémies qui se déclarent dans cette saison.

Le suc d'aloès mêlé avec du vinaigre empêche la chute des cheveux.

La décoction d'*agnus castus*, d'ache et de sauge dans de l'eau salée, en friction sur le derrière de la tête, rappelle à la vie les malades tombés en léthargie.

IV

Ce qu'est le Champignon

Le rôle du champignon nous est inconnu. Ce ne sont pas les hypothèses qui manquent, mais aucune ne se trouve suffisamment justifiée par l'expérience.

Que le champignon ait une grande importance dans les phénomènes vitaux, cela ne fait point de doute ; qu'il aide aux diverses combinaisons chimiques de désagrégation et de fermentation, cela est évident ; mais le mécanisme nous échappe.

L'on peut seulement affirmer que le champignon est inséparable de la putréfaction, de la fermentation ; nous dirions presque de la maladie.

Le champignon pousse sur l'eau, dans l'eau, dans la terre, sur la terre, sur les végétaux, dans les végétaux, sur les animaux, dans les animaux. Il est tantôt microscopique, tantôt il atteint 2 mètres. Le *lycoperdon giganteum* (vesse-loup), acquiert, en une nuit, la grosseur d'une énorme gourde ; le *polyporus squamosus* atteint, en quelques semaines, une circonférence de 2 mètres 50 et un poids de 16 kilos.

C'est dire que l'anatomie du champignon varié singulièrement !

On ne sait même pas si le champignon microscopique est végétal ou animal, et il y a beaucoup de chances pour que tous les infusoires de Pasteur ne soient que des champignons.

La cellule isolée est un champignon.

Nous sommes donc forcé de nous en tenir à la description d'un seul type. Nous choisirons le plus connu, le plus utile, le champignon de couche.

Les trois figures suivantes feront facilement comprendre comment se développe le champignon sorti du *mycelium*.

Voici, maintenant, les noms des diverses parties du champignon :

Anneau. — Membrane provenant de la séparation du chapeau et qui demeure autour du pied ou s'en détache au bout d'un certain temps.

Asque. — Cellule à l'*intérieur* de laquelle se forment les spores.

Baside. — Cellule à l'*extérieur* de laquelle se forment les spores.

Bulbe. — Membrane entourant la base

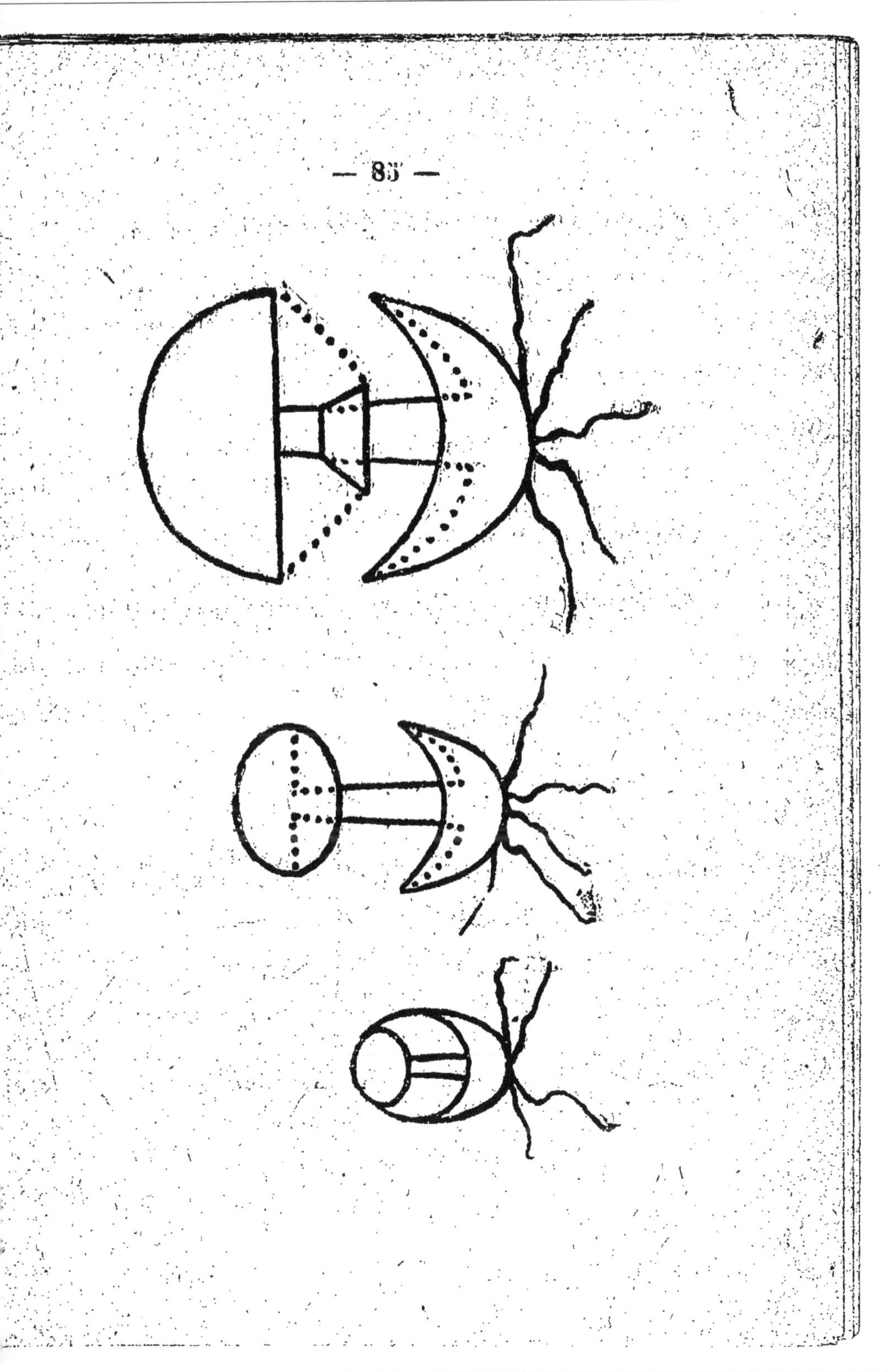

du pied, s'en détachant chez certains champignons et provenant de la volve.

Feuillets, Lames, Lamelles. — Lame supportant les basides et dont l'ensemble forme l'*Hyménium*. Voir leurs diverses dispositions par rapport au pied sur le tableau suivant.

Mycelium. — Les spores germées. Vulgairement : blanc de champignon. Le mycelium sert, aussi, de racine.

Stipe. — Le pied.

Volve. — Membrane poussée sur le mycelium et entourant tout le jeune champignon.

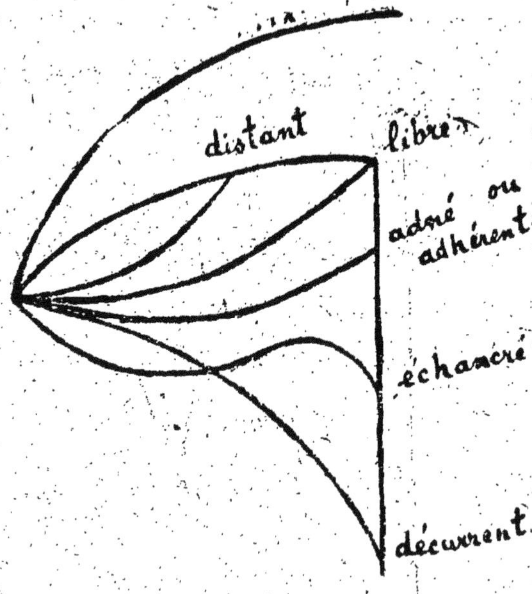

...Le champignon n'est donc que le porte-graines, le fruit d'une plante appelée *mycelium*.

Il ne faudrait pas dire : « Le mycelium est le blanc du champignon », mais bien : « Le champignon est le blanc du mycelium ».

N'oublions pas que le champignon de couche, si recherché, n'est que le ferment du fumier, que son mycelium ne se développe que dans le fumier.

De même, le mycelium de la truffe ne se développe que sur les feuilles de certains arbres (le chêne principalement), y produisant un petit champignon qui tombe, pénètre dans la terre et y grandit sous le nom de truffe : il faudrait donc, pour reproduire la truffe, en semer les spores sur les feuilles de certains arbres ; là, seulement, elles donneraient du mycelium.

. . . .

Le champignon apparaît avec le moût du raisin se transformant en vin et vinaigre, avec l'eau, l'orge et le houblon devenant bière, avec, chez l'homme, le muguet, la teigne, la plique, l'alopécie, etc., avec la maladie des pommes de terre (*Phytophthora infestans*), avec celles de la vigne (*Oïdium, Mildew*), avec celles de certaines céréales (rouille, charbon, carie, etc.), avec celles du pin (*Armillaria mellea, Trametes pini*), avec celles de la luzerne (*Rhizoctonia medicaginis*), avec l'altération du pain, de la viande, des fruits, etc. (*Mucor mucedo, Penicillium glaucum*), avec les maladies du vin (*Mycoderma aceti*), avec l'altération des bois de charpente (mérule destructeur), etc., etc.

Ce paraît être un facteur opposé diamétralement au règne minéral et au règne végétal, chargé de les désagréger, de les dissocier.

...Le champignon, outre qu'il est souvent un excellent comestible, sert l'industrie.

Le *Polyporus fomentarius*, le dédale du chêne et autres donnent l'amadou et l'agaric des chirurgiens (dont ceux-ci se servent pour arrêter l'écoulement du sang). Le polypore du bouleau et le polypore squameux donnent les cuirs à rasoir. Le *Polyporus ignarius* donne la teinture noirâtre ; le *Polyporus hispidus* la teinture marron ; l'*Hexagona mori* et le *Polyporus sulfurens* la teinture jaune ; le *Polysaccum crassipes* la teinture brune ; les russules des teintures rouges, etc.

Les feuillets de coprin, en se liquéfiant à la maturité, donnent un liquide chargé

de spores noires qui constitue une encre
supérieure à l'encre de Chine.

Mais, où le champignon devrait triom-
pher, c'est en médecine.

Autrefois, les médecins savaient y pui-
ser des remèdes efficaces contre quantité
de maux.

La fausse oronge (*Amanita muscaria*)
peut être administrée en poudre ou sous
forme de teinture contre l'épilepsie et les
diverses maladies nerveuses. Appliquée
sur les ulcères cancéreux la poudre les ci-
catrise. Cette poudre se prépare avec des
fausses oronges encore jeunes qu'on sèche
au four et qu'on pulvérise ensuite.

La fausse oronge a des propriétés narcotiques et calmantes qui permettraient de
la substituer à l'opium.

Le lactaire poivré contient un suc blanc
qui provoque la sécrétion des reins et la
sortie des calculs de la vessie. Le champignon lui-même, desséché et pulvérisé, entre dans la composition d'un électuaire
qu'on a employé autrefois avec succès contre la phtisie.

L'agaric amer (*Hypholoma elæodes*),
l'*Hypholoma fasciculare*, l'*Hypholoma su-
blateritium* et le *Panus stypticus* possèdent
des propriétés purgatives. De même, le
bolet du mélèze ou polypore officinal.

La poudre de vesse-de-loup mêlée avec du lait est employée par beaucoup d'agriculteurs pour arrêter le cours de ventre des vaches.

Enfin, l'on sait que l'ergot de seigle fournit une huile qui, traitée par l'éther, est fort employée en thérapeutique.

V

Peut-on reconnaître si un Champignon est vénéneux ?

Aucun moyen n'existe de reconnaître si un champignon est vénéneux ou pas.

Les limaces et les vers attaquent aussi bien les mauvais champignons que les bons.

Les jardins, les endroits découverts produisent, comme les bois les plus touffus, des bons et des mauvais champignons.

La couleur, la saveur, l'odeur, le lait, l'anneau des champignons ne donnent aucune indication précise.

Tous les mauvais champignons ne font pas cailler le lait.

Tous les mauvais champignons, l'amanite panthère par exemple, ne changent pas de couleur quand on les casse. En revanche, des bons champignons, le lactaire délicieux et le bolet rude, par exemple, changent de couleur quand on les casse.

Les mauvais champignons ne font pas tous, comme on le prétend souvent, brunir l'oignon dépouillé de son enveloppe et mis dans la casserole où ils cuisent. Ils ne font pas plus noircir une pièce d'argent (l'amanite bulbeuse, fort vénéneuse, ne la noircit pas, tandis qu'un vulgaire jaune d'œuf le fait !).

Mais vous n'empêcherez pas certaines personnes de croire encore à ces diverses légendes, de les enseigner et de... s'empoisonner ! Vous n'empêcherez pas certaines cuisinières de croire que faire bouillir les champignons pendant une demi-heure c'est détruire leur poison !

... Voici les champignons vraiment dangereux, souvent mortels.

Les autres ne peuvent amener que de légères indispositions dont un vomitif aura toujours raison.

En regard des champignons vraiment dangereux nous plaçons les champignons comestibles avec lesquels on pourrait les confondre, et indiquons les caractères qui les différencient nettement.

VÉNÉNEUX	COMESTIBLES		
Amanite phalloïde.	Russule craquelée. Pas de bulbe, pas de volve, pas d'anneau.	Russule charbonnière. Pas de bulbe, pas de volve, pas d'anneau.	
Amanite printanière.	Tricholome de la St-Georges. Pas de bulbe, pas de volve, pas d'anneau.	Lépiote pudique. Pas de volve.	
Amanite tue-mouches.	Amanite de César. Volve en forme de coupe.		
Amanite citrine	Lépiote pudique. Pas de volve.	Pratelle. Pied non bulbeux.	
Amanite panthère.	Amanite vineuse. Chapeau non strié au bord.	Amanite vaginata. Pas d'anneau.	Lépiote procera. Stipe tigré d'écailles.
Volvaire gluante.	Amanite vaginata. Chapeau strié au bord.	Pratelle. Un anneau, pas de volve.	Lépiote pudique. Un anneau, pas de volve.
Entolome livide	Clitocybe nébuleux. Lames décurrentes.	Pratelle. Anneau.	Clitopile orcelle. Lames décurrentes.

VI

Empoisonnement par les Champignons

L'action du champignon sur l'homme diffère selon le champignon et selon l'homme. Elle est celle d'un ferment.

Elle ne nous est point encore connue. Nous en connaissons seulement quelques effets.

Parlons de ceux qui nuisent.

Ils sont de deux sortes : ceux qui sont dus à la *phalline*, alcaloïde de l'amanite phalloïde, de l'amanite citrine, de l'amanite printanière, de certaines volvaires ; ceux qui sont dus à la *muscarine*, alcaloïde de l'amanite panthère, de l'amanite tue-mouches.

La *phalline* détruit les globules rouges du sang, déterminant ainsi la mort. Ce n'est que 10 à 20 heures après son absorption que son effet se manifeste : nausées, coliques et douleurs intermittentes, crampes, maux de tête, vertige, accalmies fréquentes, foie volumineux. La mort survient entre le 5ᵉ et le 10ᵉ jour.

Ne pas employer de vomitifs. Frictions énergiques sur le corps, applications de moutarde, infusion de café noir.

La *muscarine* manifeste ses effets deux heures après son absorption : vomissements, coliques douloureuses et continues, délire. Guérison en un jour ou deux.

Employer des calmants et les vomitifs.

L'on n'a point encore rencontré de matière capable d'arrêter les effets de la *phalline* et de la *muscarine*.

Et nulle préparation culinaire (cuisson, vinaigre, etc.) ne peut les annihiler.

XII

Culture du Champignon de couche et de la Truffe

Commençons par conseiller au lecteur de bien se méfier des gens qui vendent des champignonnières ! Ils promettent monts et merveilles, assurent des bénéfices colossaux, montrent leurs livres, leurs factures, que sais-je ? La champignonnière, en effet, marche à souhait ; mais, dès qu'elle change de propriétaire, elle ne rend plus, et l'acheteur ne songe qu'à la revendre ! Il la revend — avec quelle perte ! — à son prédécesseur qui la fait produire à nouveau, et, bientôt, la re-revend, et ainsi de suite !

La culture du champignon de couche n'est pas difficile ; elle demande seulement un traitement continu, invariable. Le moindre changement l'arrête.

Elle se fait à l'air libre ou en cave.

Pour cultiver le champignon à l'air libre l'on prépare de petites meules de fumier

de cheval qu'on amène à fermentation en
les remuant souvent, et on les larde de
mycelium ou blanc de champignon. Lorsque les filaments commencent à s'allonger
on les couvre d'une couche de sable desti-
née à les protéger contre les variations de
la température. On arrose quotidiennement
avec de l'eau légèrement salpêtrée à 15°.
Au bout de cinq à six semaines apparais-
sent les champignons. Il faut les cueillir
avant leur complet développement.

Pour cultiver les champignons en cave
(ou en carrière) l'on emploie le même procédé. La cave doit conserver une température de 20° environ, et ne pas être trop
humide.

...Encore un fois, qu'on ne se fie pas trop
à la facilité apparente de cette culture :
l'élevage des champignons exige une grande habitude et beaucoup de soins. C'est ce
qui justifie leur prix élevé.

———

La Truffe. — Peut-on la cultiver?

Si l'on songe au prix élevé (20 francs
le kilo) qu'atteint la truffe sur nos mar-
chés, il ne faut pas s'étonner des efforts
que l'on fait pour la multiplier.

Depuis longtemps l'on sait qu'elle vient particulièrement près des chênes. Et, pour la cultiver, on sème les glands des chênes au pied desquels on a trouvé des truffes, et... l'on attend... une dizaine d'années... quand ce n'est pas une vingtaine !

On le voit, ce moyen est long. Il n'en faut retenir qu'un point : on sème des glands provenant de chênes sous lesquels on a trouvé des truffes.

Y a-t-il un autre moyen ?

Disons, d'abord, quelques mots de la truffe.

Au printemps, c'est un tubercule rougeâtre, de la grosseur d'un pois et de chair très blanche. L'été, elle noircit extérieurement, et la chair se sillonne de lignes grises. On l'appelle, alors, « truffe blanche ». En novembre, elle est mûre, on peut la récolter.

On laisse généralement ce soin à des chiens ou des porcs dressés. Certains paysans, pourtant, reconnaîtraient la présence des truffes au son creux que rend le sol qui les recouvre, à un tourbillon de tipules (petits insectes).

La terre dans laquelle l'on trouve la truffe est sèche, effritée, comme stérilisée, à coup sûr malade, privée d'autre végétation.

On peut dire que la truffe est le bacille de la tuberculose du chêne.

L'on pourrait donc la multiplier en inoculant sa maladie à l'arbre.

...La truffe se conserve beaucoup plus longtemps que le champignon.

En plaçant les truffes dans une boîte pleine de sable sec qu'on ferme soigneusement, on peut les conserver deux mois sans qu'elles perdent aucune de leurs qualités.

Pour les conserver plus longtemps voici comment l'on doit opérer : On les laisse tremper dans l'eau durant une nuit, puis on les brosse, on les épluche, et on les met à cuire à la vapeur ou au bain-marie pendant deux heures pour leur faire rendre l'eau ; on les étend, ensuite, sur une claire-voie, pour les assécher ; on les tasse dans des boîtes de fer-blanc qu'on soude et qu'on met à cuire, deux heures, dans une bassine d'eau bouillante.

VIII

Préparation culinaire et Conservation des Champignons

Friture de champignons : On échaude les champignons entiers ou coupés en morceaux en les exposant pendant 15 à 20 minutes sur un feu doux dans une casserole sans eau ; on rejette l'eau qu'ils ont perdue, puis on essuie les champignons. On mélange ensuite de la farine de maïs, du poivre, du sel, de l'ail haché, des fines herbes également hachées, puis on y roule les champignons ; après quoi on les fait frire au beurre, à l'huile ou au saindoux.

Diverses recettes : On fait cuire lentement les champignons dans un roux, au bouillon et au vin, assaisonné de poivre et de sel, avec une légère pointe d'échalotte ou de ciboulette.

On les prépare, aussi, en les faisant revenir dans du beurre avec des fines herbes, du poivre, du sel et une légère pointe d'ail. On peut y ajouter quelques petits morceaux de lard fumé. On peut y ajouter, également, du jus de tomate.

On peut les accommoder, après les avoir fait revenir dans du beurre, d'une sauce blanche aiguisée de quelques gouttes de vinaigre ou de citron.

On peut servir les champignons cuits au beurre, en omelette, en hachis, avec des fines herbes.

On prend les têtes de gros champignons, on enlève les lamelles, on les renverse dans la casserole, et l'on garnit ces petites coupes d'un hachis de leurs pieds arrosé d'huile d'olive ; on sert très chaud avec du beurre fin, quelques gouttes de citron et une légère pointe d'ail.

On peut les faire cuire sur le gril en les assaisonnant, ensuite, de beurre frais, de poivre et de sel.

Croûtes aux champignons : Éplucher les champignons sans les faire bouillir. Faire fondre un morceau de beurre dans une poêle, y jeter les champignons coupés. Faire cuire, en agitant de temps en temps la poêle. Préparer un hachis d'herbes fines, persil, ciboulette, avec un ou deux jaunes d'œufs délayés dans un petit bol de crème douce. Mettre le tout dans la poêle avec du poivre et du sel. Laisser cuire environ cinq minutes. Verser les champignons ainsi préparés sur des croûtons de pain frits au beurre.

Cèpes ou Bolets : Prendre des cèpes ou bolets bien secs, les éplucher, enlever l'épiderme, les couper en tranches de 1 à 2 centimètres d'épaisseur, les jeter dans de l'huile d'olive bouillante, ajouter du sel et du poivre. Les retourner jusqu'à ce qu'ils prennent une belle couleur brun doré ; les retirer et les faire égoutter. Enlever la friture (qui pourra servir une autre fois), remettre dans la poêle les champignons rôtis, chauffer un instant à feu vif ; ajouter du beurre frais avec un peu d'ail et de persil.

Beignets aux oronges : Couper les oronges par tranches, les faire bouillir dans du lait avec un peu de citron, les faire frire avec du beurre, de l'huile ou du saindoux. Les tourner et les saupoudrer de sucre à la manière des beignets de pommes ou d'oranges.

Morilles : Eplucher les morilles, les couper en quatre, et les laver soigneusement. Laisser cuire pendant une heure avec du beurre, du sel, du poivre, des fines herbes, un morceau de jambon ; ajouter de temps en temps un peu de bouillon, puis, au moment de servir, des jaunes d'œufs délayés dans quelques cuillerées de crème, et jeter le tout sur des croûtons de pain frits au beurre.

Potage aux cèpes : Faire bouillir du bouillon de bœuf, y jeter en pluie quelques cuillerées de poudre de cèpes conservés par dessiccation. Laisser, quelques minutes, sur le coin du fourneau, et verser bouillant sur des croûtons passés au beurre.

Tournedos aux morilles : Faites sauter le bifteck à la poêle à feu vif. Le mettre sur une assiette. Avoir des morilles prêtes dans une sauce très courte, faire réduire un demi-verre de madère dans la poêle avec le jus qu'a rendu le bifteck, ajouter la réduction à la sauce des morilles. Dresser le bifteck, l'entourer de morilles, arroser le tout avec la sauce courte.

Purée de mousserons : Eplucher et laver des mousserons ; les faire blanchir, puis égoutter ; les hacher très menus, les mettre avec un morceau de beurre dans une casserole, ajouter du jus de citron ; laisser la farce se colorer légèrement ; la mouiller avec du jus, l'assaisonner et la laisser réduire jusqu'à ce que la purée soit de consistance ordinaire.

On peut se servir de cette purée pour

garnir l'intérieur d'une volaille ou d'une épaule de mouton.

Pommes de terre aux champignons : Peler et couper en tranches des pommes de terre cuites dans de l'eau et du sel, les mettre dans une casserole avec des champignons et de la ciboule hachés et un bon morceau de beurre. Passer sur le feu, ajouter une bonne pincée de farine, bien tourner et mouiller avec du bouillon, assaisonner de sel et de gros poivre, faire cuire le tout. Aussitôt que la sauce sera suffisamment réduite, la lier avec des jaunes d'œufs ; au moment de servir exprimer dedans le jus d'un citron.

...Il est bien entendu que tout champignon froissé, fané, doit être, en cuisine, impitoyablement rejeté. Un seul champignon abîmé ou pas frais gâte tout le plat.

On doit, également, rejeter les pieds fibreux et coriaces de certaines espèces, et les tubes des cèpes.

Il est prudent de peler les champignons.

Comment conserver les Champignons

Disons-le tout de suite : aucune des méthodes actuellement connues ne permet de garder au champignon toute sa saveur, tout son parfum.

Voici ces méthodes :

On épluche les champignons, on les jette dans de l'eau fraîche acidulée de vinaigre pour les empêcher de noircir ; on leur fait faire plusieurs tours à l'eau bouillante ; on les retire, on les fait refroidir à l'eau froide, on les égoutte, et on les met dans des bocaux remplis d'eau bien salée ou d'huile d'olives.

On peut, aussi, les conserver dans de la graisse : il suffit, au lieu de les ébouillanter, de les passer dans la graisse cinq minutes sur le feu. On les met dans des pots de grès et l'on verse une couche de graisse.

On les conserve, encore, par dessiccation. Pour cela, on les blanchit et on les égoutte. On les étale dans un endroit bien sec. On peut hâter le procédé en les séchant au four, à feu doux. Quand ils sont secs on les enferme dans des sacs de papier à l'abri de l'humidité. Lorsqu'on veut les manger on les fait revenir dans de l'eau tiède.

On traite, quelquefois, les champignons comme les cornichons.

La poudre ou essence de champignon se prépare ainsi : On place les champignons dans une terrine, on les couvre de

sel, et on les laisse ainsi pendant vingt-
quatre heures. Puis, on les écrase dans un
linge qu'on tord, et l'on chauffe à feu doux
le jus ainsi exprimé ; l'écume enlevée, on
verse l'essence dans de petits flacons qu'on
bouche soigneusement et qu'on conserve
au frais. Quelques gouttes de cette essence
donnent aux sauces un délicieux parfum.

FIN

Maladies les plus communes et leurs Remèdes végétaux [1]

Maux de tête, Vertiges, Névralgies, Convulsions

(Remèdes Antispasmodiques, c'est-à-dire qui arrêtent les spasmes)

Aconit.	If.	Sarriette.
Amande amère.	Mélisse.	Stramoine.
Balsamite.	Oranger.	Tilleul.
Belladone.	Pêcher.	Valériane.
Camomille.	Pivoine.	Verveine.
Gui.	Primevère.	

Impuissance

(Remèdes Aphrodisiaques, c'est-à-dire qui excitent les sens)

Les plantes aromatiques et stimulantes

---

[1] Consulter la notice consacrée à chaque plante.

Hémorragies, Dysenterie, Coupures, Diarrhée, Pertes, Crachements de sang

(Remèdes Astringents, c'est-à-dire qui resserrent les tissus)

Aigremoine.	Eucalyptus.	Ortie.
Benoîte.	Fraisier.	Renouée
Bouleau.	Framboisier.	Ronce.
Chêne.	Grenadier.	Rosier.
Cognassier.	Myrte.	Tormentille
Consoude.	Nénuphar.	Ulmaire.
Ergot de seigle.	Œillet.	

Rétention d'urine, Coliques hépatiques, Pierre, Gravelle

(Remèdes Diurétiques, c'est-à-dire qui facilitent la sécrétion de l'urine)

Absinthe.	Chiendent.	Lactaire.
Ache.	Colchique.	Maïs.
Asperge.	Digitale.	Orge.
Bruyère.	Fenouil.	Pariétaire.
Café.	Fève.	Persil.
Caprier.	Genêt.	Poireau.
Cerisier.	Genévrier.	Vigne.

Indigestion, Empoisonnement, Alcoolisme

(Remèdes Emétiques, c'est-à-dire qui provoquent le vomissement

Fusain.	Houx.	Lierre.	Muguet.	Narcisse.

Retards

*(Remèdes Emménagogues, c'est-à-dire qui provoquent
les règles)*

Absinthe.	Ergot de seigle.	Sabine.
Armoise.	Persil.	Safran.
Camomille.	Rue.	

Rhume, Bronchite

*(Remèdes Expectorants, c'est-à-dire qui favorisent
l'expulsion des crachats)*

Belladone.	Guimauve.	Pavot.
Bouillon blanc.	Jusquiame.	Pulmonaire.
Bourrache.	Laitue.	Réglisse.
Buglosse.	Lis.	Safran.
Coquelicot.	Mauve.	

Maux de dents, Brûlures, Lumbago, Insomnie, Douleurs générales

*(Remèdes Narcotiques, c'est-à-dire qui endorment
et engourdissent)*

Aconit.	Jusquiame.	Oronge.
Belladone.	Laurier-cerise.	Pavot.
Chanvre.	Mandragore.	Tabac.
Ciguë.	Morelle noire.	

Poux, Ténia, ver

*(Remèdes Parasiticides, c'est-à-dire qui tuent ou
expulsent les animaux parasites)*

Contre les poux	Contre le ténia	Contre les vers
Hellébore blanc.	Courge (semence).	Absinthe.
Staphysaigre.	Fougère mâle.	Ail.
Tabac.	Grenadier (écorce et racine).	Aloès.
		Tanaisie.

Constipation, Asthme, Rhumatisme

(Purgatifs)

Aloès.	Mercuriale.	Rhubarbe.
Buis.	Polypode.	Ricin.
Houx.	Pruneau.	

Bronchite, Apoplexie, Congestion

(Remèdes Révulsifs, c'est-à-dire qui attirent le sang)

Clématite.	Dentelaire.	Moutarde.	Piment.

Neurasthénie, Manque d'appétit, Maladies d'estomac

*(Remèdes Stimulants, c'est-à-dire qui excitent
l'organisme général)*

Absinthe.	Café.	Douce-amère.
Ail.	Capillaire.	Fumeterre.
Angélique.	Capucine.	Genévrier.
Anis.	Citronnier.	Houblon.
Bétoine.	Cresson.	Hysope.
Bugle.	Cumin.	Lavande.

Lierre.	Moutarde.	Raifort.
Marjolaine.	Noyer.	Romarin
Mélèze.	Oignon.	Rue.
Mélilot.	Ortie.	Sauge.
Menthe.	Oseille.	Thé.
Millefeuille.	Persil.	Thym.
Millepertuis.	Piment.	

Rhume, Pleurésie

(Remèdes Sudorifiques, c'est-à-dire qui font suer)

Bardane.	Marron d'Inde.	Saponaire.
Bourrache.	Patience.	Scabieuse.
Cerises (queues).	Pensée sauvage.	Sureau.
Chicorée.	Pissenlit.	

Anémie, Faiblesse, Convalescence

(Remèdes Toniques, c'est-à-dire qui donnent de la force)

Centaurée (petite). Chêne (glands). Gentiane. Rhubarbe.

Table des Plantes citées

TABLE DES MATIÈRES

Grande Imprimerie de Troyes, 126, rue Thiers

EXTRAIT DU CATALOGUE

ROMANS D'AVENTURES

EXTRAIT DU CATALOGUE

ŒUVRES COMIQUES

René Blond. — *La vie de caserne en rose :*

408	Le Soldat Boustif	1 ▼.
409	Le Caporal Boustif	1 ▼.
410	Le Sergent Boustif	1 ▼.
416	**Paul de Sémant.** — Le Sergent Blache	1 ▼.
417	— Les Farces du P'tit Frick	1 ▼.
418	— Ce Sacré Poilut	1 ▼.
419	— Ce Sacré Foissotte	1 ▼.
420	**Paul Féval fils.** — Un Notaire embêté	1 ▼.
421	**Théodore Cahu.** — Le Régiment des hommes à poil	1 ▼.
422	— Nos farces au Régiment	1 ▼.
423	— L'Amour, il n'y a que ça	1 ▼.
424	**Ch. Bérard.** — Pour rire à deux	1 ▼.
426 427	**Pigault-Lebrun.** — Monsieur Botte	2 ▼.
428 429	— L'homme à la pièce curieuse	2 ▼.
432	**Joseph Montet.** — La Vie fantasque	1 ▼.
433	**D. Chéri.** — La vertu du Mari	1 ▼.
434	— La vertu de Madame	1 ▼.
435	**Ch. Bérard.** — Les 6 femmes de M. Pingouin	1 ▼.
436	**Jean Soleil.** — La Bicycliste récalcitrante	1 ▼.
437	**Max de Jersey.** — Tertrouille au 41ᵉ d'Artillerie	1 ▼.
438	— Tertrouille ordonnance	1 ▼.

ROMANS D'AVENTURES

Vincent Huet. — *Au Pays Arabe :*

501	Le Disparu	1 ▼.
502	Les Cavernes des Hall-el-Oued	1 ▼.
503 504	**G. Guitton-Le Rouge.** — La Conspiration des Milliardaires	2 ▼.
505 506	— A coups de milliards	2 ▼.
507 508	— Le Régiment des hypnotiseurs	2 ▼.
509 510	— La Revanche du Vieux-Monde	2 ▼.
511 512	**Capitaine Marryat.** — Le Vaisseau Fantôme	2 ▼.
513 514	— Le Spectre de l'Océan	2 ▼.

Chez tous les libraires : 0 fr. 20 — Franco poste : 0 fr. 25

EXTRAIT DU CATALOGUE

ŒUVRES DE MAYNE-REID

ROMANS ÉTRANGERS

EXTRAIT DU CATALOGUE

ROMANS DIVERS

EXTRAIT DU CATALOGUE

PETITE BIBLIOTHÈQUE AGRICOLE PRATIQUE

Publiée sous la direction de J. RAYNAUD

Directeur de l'École pratique d'Agriculture de Fontaines
(Saône-et-Loire)

Un volume broché............ 0 fr. 20
—   cartonné........ 0 fr. 40

Franco poste, broché : 0 fr. 25 ; cartonné : 0 fr. 50

EXTRAIT DU CATALOGUE

Chez tous les libraires : 0 fr. 20 — Franco-poste : 0 fr. 25

EXTRAIT DU CATALOGUE

ŒUVRES DE MAYNE-REID

ROMANS ÉTRANGERS